Rolando Calero

Obtención de Polihidroxialcanoatos a partir del suero lácteo

Rolando Calero

Obtención de Polihidroxialcanoatos a partir del suero lácteo

Utilización de cultivos microbianos mixtos para la obtención de polihidroxialcanoatos a partir del suero lácteo

Editorial Académica Española

Imprint

Any brand names and product names mentioned in this book are subject to trademark, brand or patent protection and are trademarks or registered trademarks of their respective holders. The use of brand names, product names, common names, trade names, product descriptions etc. even without a particular marking in this work is in no way to be construed to mean that such names may be regarded as unrestricted in respect of trademark and brand protection legislation and could thus be used by anyone.

Cover image: www.ingimage.com

Publisher:
Editorial Académica Española
is a trademark of
International Book Market Service Ltd., member of OmniScriptum Publishing Group
17 Meldrum Street, Beau Bassin 71504, Mauritius
Printed at: see last page
ISBN: 978-613-9-40124-6

Zugl. / Aprobado por: Obtención de polihidroxialcanoatos a partir de suero lácteo por cultivos microbianos mixtos.

Agradecimientos

Quisiera agradecer en primer lugar a la Secretaria de Educación Superior Ciencia tecnología e Innovación (SENESCYT) del Ecuador por haberme dado el soporte financiero y poder realizar este trabajo doctoral.

Un agradecimiento a mis tutores de tesis, María del Carmen Veiga Barbazán y Christian Kennes por acogerme en su grupo de investigación y darme las herramientas necesarias para poder realizar mi proyecto de tesis.

También quisiera agradecer al Ministerio de Economía y Competitividad (proyecto CTQ2013-45581-R) por todo el soporte financiero en el proyecto realizado sobre valorización de suero lácteo del cual parte mi tema central de proyecto de tesis.

A la empresa INNOLACT S.L. por la ayuda desinteresada al proveernos de suero lácteo necesario para realizar los ensayos en esta tesis.

A mi Universidad Estatal Península de Santa Elena al cual pertenezco como docente y que me otorgó licencia temporal para realizar este proyecto de tesis en estos últimos 4 años.

Quisiera agradecer de manera especial a Maria Teresa Rodriguez Blas que fue mi primer contacto con la Universidad de La Coruña y fue la persona que me abrió las puertas con esta gran Universidad.

Un agradecimiento a todos mis compañeros que hemos compartido el laboratorio de ingeniería química, con quienes he compartido mis mejores momentos aquí en A Coruña en estos cuatro años, Ruth, Borja, María, Gael, Xela, Haris, Noela y Martín.

Finalmente, no puedo dejar de agradecer y mencionar a mi esposa Paola y mi pequeño Joaquín por el soporte familiar, ya que constituyen mi alegría y mi razón de vida y de lucha para todos los desafíos por venir y que cada día me dan una sonrisa que son mi combustible en el día a día.

Tabla de contenidos

Índice general

Capítulo 3

Fermentación acidogénica del suero lácteo: Efecto del tipo de reactor y de la velocidad de carga orgánica (VCO)   72

Capítulo 4

Fermentación acidogénica del Suero lácteo: Efecto del TRS y pH en un reactor anaerobio secuencial SBR 92

Capítulo 5

Producción de polihidroxialcanoatos a partir de ácidos grasos volátiles del suero lácteo fermentado 111

Lista de figuras

Capítulo 5

Lista de tablas

Abreviaturas

AGV: ácidos grasos volátiles

Ac-CoA: Acetil-Coenzima-A

ATP: Trifosfato de adenosina

ADF: aerobic dynamic feeding (alimentación dinámica aerobia)

A-SBR: anaerobic sequential batch reactor (reactor discontinuo secuencial)

CoA: Coenzima A

C/N: Relación carbono / nitrógeno

C/N/P: Relación carbono /nitrógeno / fosforo

DQO: Demanda química de oxigeno

CSTR: Continuous stirred-tank reactor (reactor continuo de tanque agitado)

Cmmol/L: Milimoles de carbono /Litro

DGGE: Denaturing gradient gel electrophoresis (electroforesis en gel con gradiente de desnaturalización)

DSC: Calorimetría diferencial de barrido

EBPR: Enhanced Biological Phosphorous Removal. (eliminación de fosforo biológico)

FADH: Forma reducida de flavin adenina di nucleótido

F/F: Relación feast /famine

GAO: Glycogen Accumulating Organisms, (organismos acumuladores de glucógeno

HAc: Ácido acético

HA: Hidroxalcanoatos

3-HA: 3- hidroxialcanoatos

HB: Hidroxibutirato

3-HB: 3- hidroxibutirato

4-HB: 4-hidroxibutirato

HBu: Acido butírico

HPr: Acido propiónico

HV: Hidroxivalerato

3-HV: 3-hidroxivalerato

3-HP: 3-hidroxipropionato

ΔfHA: Producción especifica de polímero

ΔHc: Entalpia de cristalización

ΔHm: Entalpia de fusión

NTK: Nitrógeno total kjeldahl

mlc-PHA: Cadenas medias de PHA

Nmmol L^{-1}: Milimoles de nitrógeno

NADH: Forma reducida de adenina nicotinamida dinuleotido

OD: Oxígeno disuelto

OUR: Oxygen uptake rate (velocidad de consumo de oxigeno)

PAO: Phosphorous Accumulating Organisms. (organismos acumuladores de fosforo)

Pka: Constante de disociación de ácidos

P(HB:HV): Copolímero de hidroxibutirato e hidroxivalerato (HB:HV)

PHA: Polihidroxialcanoato

PHB: Polihidroxibutirato, también mencionado como P(HB) o P(3HB)

PHV: Polihidroxivalerato también descrito como P(HV)

Pmmol L^{-1}: Milimoles de fosforo por Litro

PP: Polipropileno

q_{Ac}: Velocidad especifica de consume de acetato [Cmmol Cmmol^{-1}h^{-1}]

q_{NH3}: Velocidad especifica de consume de amonio [Nmmol Cmmol^{-1}h^{-1}]

$-q^S$: Velocidad especifica de consume de sustrato

q^P: Velocidad especifica de producción de polímero.

rRNA: Ácido ribonucleico ribosomal

TRH: Tiempo de retención hidráulico

VCO: Velocidad de carga orgánica.

SVS: Sólidos volátiles en suspensión

STS: Sólidos totales suspendidos

SBR: Sequencing batch reactor. (reactor secuencial discontinuo)

TRS: Tiempo de retención de solidos

TGA: Análisis termo-gravimétrico

T: Tiempo

t_{feast}: Tiempo de feast

t_{famine}: Tiempo de famine

T_g: Temperatura de transición vítrea

TC: Temperatura de cristalización

T^m: Temperatura de fusión

T^{max}: Temperatura de degradación máxima

UASB: Up-flow anaerobic sludge bed reactor (reactor de flujo ascendente de manto de lodo)

vvm: Volumen de gas por volumen de reactor por minuto

X_0: Biomasa inicial activa

X: Biomasa activa

Y_{GROWTH}: Rendimiento de crecimiento de la biomasa

Y_{STO}: Rendimiento de acumulación o almacenamiento de PHA

Resumen y Objetivos

Resumen y objetivos

El suero lácteo es un subproducto generado en la industria de fabricación de quesos. Normalmente al suero se le separa la grasa y, en muchas industrias también la proteína quedando un suero cuya composición es mayoritariamente lactosa (hasta un 85 %).

Más del 50 % del suero lácteo generado en la producción de queso no es convenientemente tratado, lo que supone un grave problema dada la gran cantidad de materia orgánica sin degradar que terminan contaminando el medio ambiente.

La valorización del suero lácteo tiene como finalidad su recuperación para la obtención de subproductos que tengan gran valor en el mercado. Una interesante y prometedora alternativa para su utilización como substrato para la producción de polihidroxialkanoatos (PHA).

En las últimas décadas, han surgido un gran interés en el desarrollo de nuevas tecnologías para la obtención de bioplásticos que puedan reemplazar a los plásticos convencionales. Estos generan problemas en el medioambiente debido a su acumulación y a su muy baja biodegradación.

Los polihidroxialcanoatos han atraído una atención considerable últimamente dado que se pueden obtener a partir de residuos industriales, además tienen propiedades similares a algunos plásticos de origen petroquímico. Los PHA son biopolímeros producidos sintetizados por lo microrganismo como reserva de energía para poder en procesos metabólicos. Actualmente para la producción de PHA a escala industrial se utilizan tecnologías basadas en cultivos puros, los cuales requieren de procesos de producción complejos y costosos. Actualmente nuevas alternativas se han desarrollados que se basan en el empleo de cultivos microbianos mixtos para reducir los costes de producción, debido a que no requieren para su producción procesos de esterilización.

El proceso de obtención de PHA empleando cultivo microbianos mixtos todavía requiere de un mayor estudio y optimización para poder obtener una acumulación de PHA en los microorganismos y también para obtener productividades más altas y productividad además de mejorar los procesos actuales que utilizan cultivos puros microbianos.

En esta tesis se plantea un proceso de obtención de PHA en tres fases a escala de laboratorio, utilizando cultivos microbianos mixtos y suero lácteo como fuente de sustrato.

En la primera fase se llevará a cabo la fermentación acidogénica para producir ácidos grasos volátiles. En una segunda fase se realiza la selección de microorganismos con capacidad de acumulación de PHA y finalmente en la tercera fase se determina la capacidad máxima de los microorganismos de acumulación de PHA.

En el primer capítulo se hace una revisión bibliográfica de los estudios realizados hasta la actualidad sobre la obtención de PHA y el empleo del suero lácteo como materia prima.

El segundo capítulo, se describe los materiales y métodos utilizados en la realización de los experimentos.

El tercer capítulo, se estudia la fermentación del suero lácteo para obtener ácidos grasos volátiles, empleando dos tipos de reactores un reactor de flujo ascendente de lechos de lodos (UASB) y un reactor secuencial discontinuo (SBR). variando las velocidades de carga orgánica estableciendo diferencias entre los dos reactores en su máxima acidificación y perfile de ácidos obtenidos en cada reactor.

En el cuarto capítulo se estudia en un reactor SBR la influencia del pH, tiempo de retención de sólidos (TRS), y velocidad de carga orgánica sobre la distribución de ácidos grasos volátiles obtenidos y sobre el grado de acidificación.

En el quinto capítulo, se estudió la variación del perfil de ácidos obtenidos en la fermentación acidogénica en la distribución de copolímero formado P(PHB/PHV) en la etapa de acumulación de PHA.

Finalmente, en una última sección se destaca las conclusiones más importantes de este trabajo.

Objetivo general: Es el estudio de la producción de PHA con cultivos microbianos mixtos utilizando como sustrato suero lácteo, empleando un proceso en tres etapas: fermentación acidogénica del suero lácteo enriquecimiento de cultivo microbiano mixto y producción de PHA.

Objetivo específico: Se estudiará las variables operacionales en el reactor acidogénico tales como pH, tipo de reactor, VCO y TRS en la producción y perfil de ácidos grasos volátiles obtenidos y cómo afecta la producción de PHA en su composición.

Summary and goals

Cheese Wey is the by-product of the cheese industry, due to its composition of lactose (up to 85%), it is an interesting and promising alternative to be used as a substrate to produce polihidroxialkanoatos (PHA).

More than 50% of whey produced in cheese production is not effectively treated as a major environmental problem because of the amount of undegraded organic matter that contaminates rivers, lakes, seas, etc.

The treatments of valorization of cheese whey aim at maximum recovery of the raw material turning this byproducts into substrates useful for other industrial purposes and among which we can count the production of PHA.

Since the last decades, there has been considerable interest in the development of new technologies in the production of bioplastics as a replacement for conventional plastics due to the problems generated by the accumulation and the almost no elimination in the environment.

Polyhydroxyalkanoates (PHA) have attracted considerable attention in recent times due to the fact that industrial waste is used to obtain it, which alleviates the organic load that is otherwise disposed of in landfills; And because it is presented as a viable alternative to petrochemical plastics. PHAs are a type of biopolymers produced by microbial synthesis which are used as energy reserves for their metabolic processes. Current methods for the production of PHA on an industrial scale are mostly based on pure microbial cultures requiring complex and costly processing procedures. But currently there are alternatives based on mixed microbial cultures that seeks to reduce production costs, because it does not require sterilization processes and use bacteria that can adapt well to substrates of diverse origin as waste materials from agro-industry and dairy.

The alternative approach to producing PHA using mixed microbial culture still requires further study and optimization in the process to obtain a Higher cellular PHA content and productivity in addition to improving current processes using pure microbial cultures.

This thesis proposes a process to obtain PHA in three phases (acidogenic fermentation, selection and enrichment of accumulating microorganisms and production of PHA) at laboratory scale, using mixed microbial cultures and Dairy serum as the initial substrate of the process

It is intended to study the fatty acid profile obtained as a consequence of the change in parameters in anaerobic fermentation processes, such as reactor type, solids retention time (SRT), pH, organic loading rate (OLR) , In order to reach the highest concentration of volatile fatty acids (VFA), which will later be used in a selection process of microorganisms in a second aerobic phase (SBR) and finally to evaluate the productivity and production of PHA obtained in a discontinuous reactor (Fed-Bacht). It is also expected to evaluate the effect of anaerobic fermentation on PHA properties obtained as final product.

In the first chapter, a bibliographical review of the studies carried out until the present time on the obtaining of PHA and the use of the milk substrate is made for this purpose.

The second chapter consist in the materials and methods related with the development of this thesis.

The third chapter studies two types of reactors for the fermentation process of whey to obtain volatile fatty acids. A UASB (continuous reactor) reactor and another SBR (discontinuous reactor) were used to vary the organic loading rates Differences between the two reactors at their maximum acidification and acid profile obtained in each reactor.

The fourth chapter, studies the effect of the reactor's operational parameters on pH, solid retention time (TRS), organic loading rate in an A-SBR reactor to study them, as well as observing how these variables modify the Profile of acids obtained and the degree of acidification of the milk substrate.

The fifth chapter, studies the variation of the acid profile obtained in the acidogenic fermentation pro changes in the organic loading rate and the effect on the characteristics of the PHA obtained in the distribution of formed P-PHB (PHB / PHV).

Finally, a final section highlights the most important conclusions of this work.

General objective: The production of PHA through mixed microbial cultures using cheese whey as substrate, in a three-step process: acidogenesis, enrichment of microbial culture and production of PHA.

Specific objective: The study of the operational variables in the acidogenic reactor such as pH, reactor type, OLR and SRT in the production and profile of volatile fatty acids obtained and how it affects the production of PHA in its composition.

Resumo e obxetivos.

O soro é un subproduto xerado na industria de queixo. Normalmente a graxa está separada da graxa e, en moitas industrias, a proteína é un soro cuxa composición é principalmente lactosa (ata o 85%).

Máis que o 50% do soro de leite producido na produción de queixo non é adecuadamente tratada, que é un problema grave, debido á gran cantidade de material orgánico sen degradar final contaminar o medio ambiente.

A recuperación do soro de leite ten como obxectivo recuperar os subprodutos que teñen un gran valor no mercado. Unha alternativa interesante e prometedora para o seu uso como substrato para a produción de polihidroxialcanoatos (PHA).

Nas últimas décadas, apareceu un gran interese no desenvolvemento de novas tecnoloxías para a obtención de bioplásticos que poden substituír os plásticos convencionais. Estes xeran problemas no medio debido á súa acumulación e á súa baixa biodegradación.

Poliidroxialcanoatos atraeron considerable atención recentemente, xa que pode ser obtido a partir de residuos industriais, ademais dalgúns plásticos teñen propiedades similares de orixe petroquímica. As PHA producen biopolímeros sintetizados polo microorganismo como reserva de enerxía para poder realizar procesos metabólicos. Na actualidade, úsanse tecnoloxías de cultivos puros para a produción de PHA a escala industrial, que requiren procesos de produción complexos e custosos. Actualmente novas alternativas foron desenvolvidas con base no uso de cultivos microbianas mixtas para reducir os custos de produción, porque non esixen aos seus procesos de esterilización de produción.

O proceso de obtención de PHA desde a cultura microbiana mixta aínda require un estudo máis profundo e optimización, a fin de obter unha acumulación de PHA en microorganismos e tamén para obter unha maior produtividade e produtividade máis para mellorar os procesos existentes mediante cultivos puras microbianas.

Esta tese propón un proceso para a obtención de PHA en tres fases a escala de laboratorio, utilizando cultivos microbianos mixtos e soro de leite como fonte de sustrato.

Na primeira fase farase a fermentación acidógena para a produción de ácidos graxos volátiles. Nunha segunda fase, a selección de microorganismos realízase con capacidade de acumulación de PHA e finalmente na terceira fase, a capacidade máxima de acumulación dos microorganismos de PHA determínase.

No primeiro capítulo dunha revisión da literatura de estudos realizados ata agora na obtención de PHA eo uso de soro de leite como materia prima está feito.

O segundo capítulo, os materiais e métodos utilizados na realización das experiencias descritas.

A fermentación terceiro capítulo, soro de leite é estudada por ácidos graxos volátiles, utilizando dous tipos de reactores de reactor de desaugue ascendente leito de lodo do reactor (UASB) e unha secuencia discontinua (SBR). variando cargas orgánicas diferencia entre os dous reactores en acidificación e perfil de ácidos obtidos en cada reactor máximo.

O cuarto capítulo é estudado nun reactor SBR a influencia do pH, tempo de retención de sólidos (TRS), e da carga orgánica na distribución obtida de ácidos graxos volátiles eo grao de acidificación.

No quinto capítulo, o perfil de variación de ácidos obtidos no copolímero distribución fermentación acidogenica de P (PHB / PHV) na fase de acumulación de PHA foi estudada.

Finalmente, nunha última sección as principais conclusións deste traballo se destaca.

Obxectivo: O estudo da produción de PHA culturas microbianas mixtas utilizando como substrato de soro de leite, utilizando un proceso de tres pasos: fermentación acidogenica de cultura mixta de PHA ea produción microbiana de enriquecemento do soro de leite.

Obxectivo específico: variables operativas analizados no reactor acidogenica tales como o pH, o tipo de reactor, e TRS VCO perfil de produción obtidos e ácidos graxos volátiles e como se afecta a produción de PHA na composición.

Capítulo 1

Antecedentes bibliográficos: Suero lácteo como sustrato en la producción de Polihidroxialkanoatos

1.1.   Introducción

El Suero Lácteo (SL) es un subproducto generado en la industria del queso. Debido a su alto contenido en lactosa y a su bajo coste representa una materia prima de gran interés que actualmente no se aprovecha en su totalidad. Si no es adecuadamente tratado puede generar fenómenos de eutrofización en los ecosistemas acuáticos. Su tratamiento genera altos costes en la industria. La valorización del suero lácteo es debido a que la lactosa el principal componente del suero lácteo se usa actualmente en numerosos procesos biotecnológicos, incluido la producción de biopolímeros como los polihidroxialkanoatos (PHA) (Koller *et al.*, 2012).

El mayor problema encontrado con la gestión del SL está relacionado con el gran volumen producido a escala industrial, que generalmente es tratado como un residuo, desperdiciando su valor nutricional. Anualmente la producción de SL se estima alrededor de 180 a 190 millones de toneladas anuales, donde de esta cantidad solo el 50 % es tratado y procesado (Mollea *et al.*, 2013) para su uso en la industria alimenticia para la obtención de varios subproductos. En el año 2005 solo en la Unión Europea la cantidad generada de suero llegó a los 40 millones de toneladas. Del suero aprovechado cerca de un 50 % se utilizó en forma líquida, un 30 % en polvo y un 15 % como subproductos varios, como concentrados de proteínas. El remanente de cerca de un 32% de SL, con apróximadamente 619.250 toneladas de lactosa (Koller *et al.*, 2008), no fue aprovechado, generando altos costes en su tratamiento y eliminación industria láctea. (Panesar *et al.*, 2007).

De ahí la necesidad de buscar nuevos procesos que permitan maximizar el uso de estos remanentes de SL no utilizados. En el campo de la biotecnología buscan nuevas alternativas como, por ejemplo, la producción de biopolímeros y/o la generación de biocombustibles como el bioetanol o metano.

Dentro del uso del SL para la producción de nuevos materiales se encuentran los polihidroxialcanoatos. Los PHA son materiales biodegradables que constituyen una alternativa viable para el reemplazo de los plásticos basados en la industria petroquímica. Para la producción de PHA se pueden utilizar fuentes renovables de carbono para su producción como son los residuos industriales con un alto contenido orgánico, y además al mismo tiempo ayudan a disminuir los costes de depuración en las industrias implicadas en el proceso de fabricación de productos como el queso, azúcar, etc. (Garate, 2014).

1.2. La industria del queso

1.2.1. Generalidades

En la industria láctea se engloban tres principales grupos de actividades, que son el envasado de la leche, la elaboración de quesos y la de diversos derivados refrigerados.

España se encuentra entre los países de la Unión Europea con menor consumo per cápita de productos lácteos, con 7,1 millones de toneladas, de las cuales dos tercios lo son en forma de leche envasada y, el tercio restante lo son el queso y otros productos lácteos. La industria láctea española es una de las de mayor expansión, con un crecimiento anual del 2,7 millón de toneladas principalmente en los derivados frescos y quesos.

En Galicia la industria de producción de queso está en expansión, con alrededor de 20 mil toneladas anuales, elaboradas sobre todo por empresas de tamaño mediano o pequeño. La mayoría de las elaboraciones son quesos tipo barra que tienen una dura competencia con los quesos importados. Las producciones acogidas a las cuatro denominaciones de calidad (Tetilla, Arzúa-Ulloa, San Simón y Cebreiro) son muy reducidas, con sólo unas 4 mil toneladas. La denominación de Tetilla es la principal aportando el 12,3% de la producción conjunta de las 16 denominaciones de origen de quesos existentes en España, por detrás del Manchego con 44,6 y del Mahón-Menorca con el 15,5%, aunque desciende al 7,3% en volumen de facturación por el mayor valor unitario de las otras denominaciones (Sineiro *et al.*, 2005).

1.2.2. Proceso de fabricación del queso

El queso es el producto fresco o madurado obtenido por coagulación y separación de productos como la leche, nata, suero de mantequilla o una mezcla de ellos. El proceso de fabricación del queso pasa por diferentes etapas que son:

a.- Recepción y pretratamiento. - La leche se recibe, se higieniza con el fin de eliminar las impurezas sólidas que procedan de la ganadería. Una vez higienizada, la leche se homogeniza para tener unos parámetros definidos de materia grasa, utilizando desnatadoras a través de procedimientos centrífugos que separan la grasa láctea. En el caso de no realizar estos tratamientos se dice que el queso se ha fabricado con leche entera. Posteriormente se enfría a 3-4ºC para su conservación hasta su proceso de fabricación.

b.- Tratamiento térmico de la leche. - La leche refrigerada se somete a procesos térmicos de pasteurización de entre 70 - 80º durante 15 a 40 segundos con el objeto de eliminar bacterias patógenas de la leche. Cuando este proceso no se aplica se dice que el queso está fabricado con leche cruda, y el consumo es apto siempre y cuando tenga alrededor de 60 días de curación.

c.- Llenado de cuba y adición de fermentos. - Una vez que se dispone de la leche tratada esta se vierte en una cuba llevando a cabo un proceso de calentamiento a 30º, en la que se añaden cultivos de bacterias lácticas y fermentos, cuya misión es que crezcan y aporten aromas y sabores que se desarrollarán en el proceso de maduración.

d.- Coagulación. - El siguiente paso consiste en añadir el cuajo que es un extracto obtenido del estómago de los rumiantes (cuajo animal) o a partir de determinadas plantas (cuajo vegetal) a unos 30-32 ºC. En este proceso la leche pasa a transformarse en queso, que engloba la caseína coagulada, la mayor parte de la grasa y de otros componentes. Otra forma de coagulación es la que se consigue mediante la acidificación de la leche, ya que, si ésta se deja a temperatura ambiente, su acidez va subiendo progresivamente, hasta que adquiere un aspecto de cuajada o de "leche cortada".

e.- Corte. - Cuando la coagulación ha finalizado, la gran masa cuajada, se corta mediante cuchillas o liras, con el objeto de cortar la masa y conseguir granos de mayor o menor tamaño dependiendo del suero que se quiera retener, normalmente un queso más húmedo está formado por grano más grande, que actúa a modo de "esponja".

f.- Calentamiento. - La pasta que ha sido cortada y desuerada se procede a su calentamiento entre 30 y 48 ºC, mientras se agita para que los granos permanezcan separados y no se vuelvan a unir. Cuanto más se caliente este el grano más seco resultará el queso, puesto que el incremento de temperatura provoca un mayor desprendimiento de suero. En función de la temperatura a la que ha sido sometida la pasta, hablamos de pasta blanda, pasta semi-cocida, pasta cocida.

g.- Prensado. - Finalizado el calentamiento, se procede al llenado de los moldes (recipientes que dan la forma y el tamaño al queso). Los moldes pueden ser sometidos o no a una presión exterior. Esta presión produce una expulsión del suero y permite al queso adoptar formas mucho más acentuadas. Hablamos entonces de quesos de pasta prensada y quesos de pasta no prensada.

h.- Salado. - Una vez obtenido el queso prensado, se pasa a la fase del salado, que puede ser en seco, aplicándola directamente sobre la masa, o por inmersión en agua con sal o salmuera.

i.- Madurado. - La maduración es la última fase de la fabricación, que puede durar desde unas horas, hasta varios meses. En la maduración se desarrollan los aromas y sabores, la curación se lleva a cabo en zonas especialmente acondicionadas para ello, con temperatura y humedad adecuadas para cada tipo de quesos.

A lo largo de la maduración, el queso va perdiendo progresivamente humedad mediante la evaporación, provocando una disminución en su peso y un incremento también progresivo del extracto seco porcentual en el peso total del queso. Esto significa que si por ejemplo 1Kg de queso el primer día está compuesto por 450 g de materia seca y 550 g de agua, al cabo de un tiempo de maduración este queso ya no pesará 1 kg sino 900 g, y la composición serán los mismos 450 g de materia seca y 450 g de agua. En función del tiempo que está un queso madurando en las cámaras se habla de queso fresco, tierno, oreado, curado, viejo y añejo.

1.2.3. El suero lácteo: Tratamiento y valorización

El suero lácteo es la fracción líquida producto de la coagulación de la leche en el proceso de fabricación del queso. Después de la separación del coágulo o fase micelar presenta un color amarillo pálido y representa entre el 85 y 95 % del volumen de la leche reteniendo cerca del 55% de los nutrientes del mismo. El componente más abundante es la lactosa que representa entre un 4.5 a un 5% en su relación p/v (peso/volumen), proteínas solubles con un 0.6 a un 0.8 % p/v, lípidos entre 0.4 a 0.5 % p/v y sales minerales entre 8 a 10 % del extracto seco.

Las sales presentes son mayoritariamente NaCl y KCl que representan sobre un 50 % del total de sales presentes, además de fosfato y sales de calcio entre otras. El suero lácteo contiene apreciable cantidad de otros componentes tales como ácido láctico (0.05 % p/v), ácido cítrico, compuestos nitrogenados no proteicos como urea y ácido úrico, vitaminas del grupo B, etc. (Marwaha & Kennedy, 1988).

En el suero permeado es retenida la mayor parte de la lactosa, conteniendo entre el 39 y 60 g L^{-1}, y representa la mayor parte de la carga orgánica (cerca al 90 %) (Kisaalita *et al.*, 1990). A su vez las grasas y proteínas presentes también contribuyen al contenido orgánico, con valores en el rango de 0.99-10.58 g L^{-1} y 1.4-8.0 g L^{-1}, respectivamente. Los valores de DBO (demanda biológica de oxigeno) y DQO (demanda química de oxigeno) fluctúan dentro de valores de 27-60 -g L^{-1} y 50-102 g L^{-1}, respectivamente. La relación DBO_5 / DQO es igual o mayor a 0.5 lo que nos indica que el suero es susceptible a ser tratado en procesos biológicos.

La producción de queso constituye una de las fuentes principales de contaminación orgánica de la industria láctea. En el proceso de manufactura del queso se generan tres tipos de efluentes: el suero lácteo resultante de la producción de queso, un segundo suero lácteo resultante de la producción de requesón y un tercero producto de aguas de lavados generados en distintas partes del proceso de fabricación del queso (Figura 1.1).

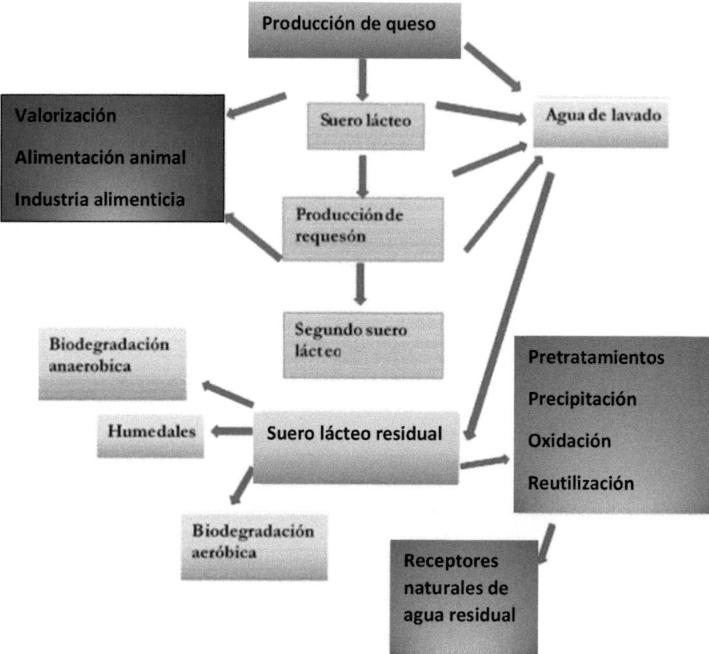

Figura 1.1 Esquema general del tratamiento y valorización del suero lácteo.

Existen distintos tipos de suero según se muestra en la Tabla 1.1. El suero dulce es el obtenido por desecación del residuo en el proceso de fabricación del queso, el suero fermentado es el producto de la fermentación del suero por *lactobacilos*, el suero permeado es el obtenido por extracción de las grasas y las proteínas mediante el proceso de ultrafiltración, utilizado como sustituto de la lactosa o suero en polvo, y el suero retenido al que se le mantienen las proteínas de la leche.

Tabla 1.1 Composición (% en peso) de distintos tipos de suero.

Composición % en peso	Suero dulce	Suero fermentado	Suero permeado	Suero retenido
Lactosa	4.7 - 4.9	4.5 - 4.9	23	14
Ácido láctico	trazas	0.5	-	-
Proteína	0.75-1.1	0.45	0.75	13
Lípidos	0.15-0.2	trazas	-	3-4
Compuestos inorgánicos	≈7	6-7	≈27	≈7

(Braunegg *et al.*, 2007)

Actualmente el manejo del suero lácteo ha sido focalizado en los tratamientos de valorización mediante procesos biológicos. Estas tecnologías son introducidas para recuperar componentes de alto valor como son las proteínas y la lactosa. Cada litro de suero dulce contiene 50 g de lactosa y 10 gramos de proteínas con un alto valor nutricional y funcional. Los procesos de fermentación controlada han sido considerados en la producción de ácido láctico, ácido butírico, butanol, ácido acético, glicerol, acetona, etanol, hidrogeno, etc. El coste asociado a las tecnologías de recuperación y aprovechamiento del SL no son rentables en pequeñas y medianas factorías (Prazeres *et al.*, 2012), en cuyos casos la eliminación mediante procesos de tratamientos biológicos y fisicoquímicos constituyen una mejor alternativa.

Debido al alto contenido en materia orgánica del suero lácteo, los tratamientos se han establecido diferentes métodos para su depuración y eliminación los cuales se mencionan a continuación.

1.2.4 Tratamiento del suero lácteo

Digestión anaerobia

El tratamiento convencional del suero lácteo consiste en tratarlo mediante un proceso por digestión anaerobia o mixta (anaerobio-aerobia), siendo la mejor forma de tratamiento debido a su alta carga orgánica (Sayedm et al., 1988; Gutiérrez *et al.*, 1991; Hawkes *et al.*, 1995; Gavala et al., 1999). La mayoría de los tratamientos anaerobios que se llevan a cabo utilizan diferentes tipos de reactores. Los reactores de lecho en flujo ascendente (UASB) tienen una efectividad de eliminación de entre un 81 y un 99% con SL crudo, y un 85 y un

98 % con suero diluido. Los reactores de tanque agitado (CSTR) también son utilizados para tratar SL diluido (Yang *et al.*, 2003) donde se ha obtenido una conversión de DQO de un 94 a un 96% en condiciones termófilas y 10 días de TRH, sin embargo, el efluente presenta mayores valores residuales de DQO.

Las desventajas en la degradación biológica se encuentran en los gastos de la adición de álcali en el proceso de arranque (Kalyuzhnyi *et al.*, 1997), los costes del mantenimiento del sistema (Gavala *et al.*, 1999; Yang *et al.*, 2003), la alta producción de ácidos grasos volátiles que reduce el pH retrasando el proceso de metanogénesis y por ende el tiempo de depuración (Gutiérrez *et al.*, 1991), y cierta dificultad en la formación de un lodo granular en el proceso de acidificación (Yang *et al.*, 2003).

Digestión aerobia

Estudios llevados a cabo bajo condiciones aeróbicas para tratar el SL utilizan el sistema de lodos activos (Cordi *et al.*, 2007; Fang, 1991; Rivas *et al.*, 2010; Rivas *et al.*, 2011) obteniendo un alto grado de eliminación de los principales contaminantes. En la mayoría de los casos el proceso utiliza periodos largos de tiempos de retención hidráulica que involucran limitaciones en la trasferencia de oxígeno (Gutiérrez *et al.*, 1991). Se consiguen eliminaciones de 89 % de DQO, lo que se considera deficiente para los límites de vertido permitidos (Fang *et al.*,1991). Los procesos mixtos anaeróbio-aeróbio permiten mejorar el sistema de tratamiento logrando un 99 % de eliminación, lo cual se encuentra dentro del rango admisible para tratamiento de residuos (Frigon *et al.*, 2009). Los reactores secuenciales anaerobios (SBR) han llegado a eliminar hasta el 98 % de la DQO en el SL, sin embargo, la carga orgánica utilizada para la operación óptima del reactor tiene que encontrarse muy diluida lo que se aleja de las condiciones reales de producción del suero lácteo.

Los pretratamientos de coagulación-floculación utilizando $FeCl_3$ y $Al_2(SO_4)_3$ o utilizando NaOH han sido propuestos (Prazeres *et al.*, 2013, Rivas *et al.*, 2010, Rivas *et al.*,2011) para provocar una precipitación alcalina reduciendo el TRH de entre 4 a 5 veces en comparación con otros procesos de degradación aerobia. La limitación de la degradación aeróbica está relacionada con la excesiva formación de lodo, pero podría minimizarse aplicando tratamientos de pre-coagulación del SL.

Tratamientos fisicoquímicos

Coagulación-floculación y precipitación

El proceso de coagulación-floculación es el proceso más simple y económico utilizado para el tratamiento fisicoquímico del SL. La existencia de proteínas, mayoritariamente caseína, conceden un punto isoeléctrico de 4,6 y el incremento de pH provoca la precipitación de estas especies. En efecto se ha reportado excelente eficiencia en la eliminación de DQO usando $FeSO_4$ a pH 8,5, más que utilizando $FeCl_3$ a pH 4,5 (Rivas *et al.*, 2010). Mediante la adición de NaOH bajo condiciones alcalinas se ha logrado hasta un 50% de eliminación de DQO empleando este proceso.

Procesos de oxidación

Los procesos de oxidación no son recomendables debido a la carga orgánica elevada que posee el SL. Los procesos de oxidación se recomiendan con un proceso después de la biodegradación a través de la oxidación, así la oxidación Fenton podría eliminar en forma significativa la DQO utilizando concentraciones de peróxido de hidrogeno de 0.5 M y 2 g/L de Fe^{3+} y un efluente pretratado de 0.5 $gDQOL^{-1}$ obteniendo una DQO final de 20 mg L^{-1}. La necesidad de emplear una concentración alta de reactivos conduce a elevar los costes de depuración. La ozonización y ozonización catalítica también han sido probadas como post-tratamiento con buenos resultados de eliminación del DQO, mediante el empleo de ozono con una concentración de 10mg/L (Martins *et al.*, 2010)

Humedales artificiales

Los humedales artificiales pueden ser utilizados como una alternativa para las pequeñas y medianas fábricas que están separadas de plantas de tratamientos de residuos cercanos, o bien en áreas sensibles con riesgos de daño ambiental. La desventaja principal de este sistema de tratamiento se encuentra en la presencia de sólidos en suspensión y en la alta salinidad que puede afectar a las estructuras físicas y químicas de los suelos y eventualmente contaminar aguas subterráneas (Vymazal 2014; Comino *et al.*,2011).

Tratamientos biológicos con valorización

Consiste en tratar el SL para que en su degradación anaeróbica se obtengan productos de fermentación de la lactosa, como ácidos grasos volátiles (ácidos acético, propiónico, butírico, etc.), ácido láctico, alcoholes (etanol) y producción de hidrógeno. Controlando los parámetros de operación del reactor se puede inhibir la metanogénesis y obtener estos productos.

La obtención de etanol a partir de la degradación de la lactosa del SL es un proceso económicamente competitivo si se compara con el empleo de otros sustratos como la caña de azúcar o el almidón de maíz. El etanol puede ser usado en alimentos, productos químicos y farmacéuticos o en cosmética, convirtiéndose en una alternativa al combustible ambiental (Guimarães *et al.*, 2010; Zafar y Owais, 2006; Ghaly y El-Taweel, 1997; Staniszewski *et al.*, 2009).

La obtención de hidrógeno a través de tratamiento anaerobio constituye una alternativa energética, donde el hidrógeno generado en los procesos de fermentación puede ser utilizado como energía limpia renovable ayudando a disminuir el efecto invernadero o la lluvia ácida. El uso de SL es una opción económicamente viable y atractiva para la producción de hidrógeno debido a que en el proceso se puede tener un rendimiento teórico de 8 moles de hidrógeno por lactosa.

1.3. Los polihidroxialcanoatos (PHA)

Los avances en la ciencia y la tecnología han creado numerosos tipos de plásticos con excelentes propiedades de dureza, durabilidad, resistencia a la degradación y baja densidad, cualidades idóneas que los convierten en productos de elección para numerosos propósitos. Sin embargo, a pesar de los beneficios que estos poseen, existen muchas desventajas asociadas al rápido deterioro de las reservas naturales usadas para su producción, y la extrema persistencia y acumulación en el ecosistema, que a su vez incide en la contaminación ambiental debido a los procesos de tratamiento en la quema de residuos (Smith, 2005).

La producción global de plásticos se ha incrementado dramáticamente en los últimos años teniendo como ejemplo que en un periodo de 10 años desde el 2004 se producían 225 millones de toneladas de plásticos y posteriormente en el 2014 esta cifra alcanzó los 311 millones de toneladas (*plasticseurope.org plastics the facts, 2015*). Este enorme incremento se ha debido mayoritariamente al aumento en el uso del plástico a nivel mundial y particularmente en países emergentes de Asia donde ha alcanzado un 46 % de la producción mundial de plásticos, donde comparativamente Europa llega a un 20%. Actualmente la reducción en la producción de productos plásticos es muy difícil de llevar a cabo, debido al amplio uso y a las versátiles aplicaciones que posee. La búsqueda de materiales alternativos con propiedades similares a los plásticos tradicionales, pero con características de biodegradabilidad y sostenibilidad es el objetivo que se trata de conseguir con el desarrollo de los biopolímeros.

Los polihidroxialcanoatos (PHA) son biopolímeros con propiedades similares a los plásticos tradicionales pero que al ser biodegradables son menos contaminantes, y además ayudan a descontaminar debido a su proceso de obtención ya que se pueden obtener a partir de residuos y aguas residuales industriales (Du *et al.*, 2012; Chee *et al.*, 2010; Lagoa-Costa *et al.*, 2017; Ben *et al.*, 2016).

Debido a que la mayor preocupación para la producción a gran escala de PHA radica en el coste del sustrato (Khana *et al.*, 2005), que representa cerca del 40 % del total de coste total de producción, ha habido la necesidad de buscar nuevas materias primas que abaraten el proceso. El precio de PHB obtenido a partir algunos sustratos se muestran en la Tabla 1.2.

En la década pasada, los sustratos de bajo coste provenientes de residuos agroindustriales han sido utilizados como fuente carbono para la producción de PHA, como por ejemplo el almidón, tapioca hidrolizada, suero lácteo, xilosa, melaza, malta, residuo de soya, etc., (Dias *et al.*, 2006).

Tabla 1.2 Costes de algunos sustratos para la producción de PHA.

Sustrato	Precio aproximado (US\$ Kg^{-1})	Rendimiento P(3HB) (g P(3HB) g sustrato^{-1})	Coste del sustrato US\$(Kg P(3HB^{-1}))
Glucosa	0,49	0,38	1,30
Sucrosa	0,29	0,40	0,72
Acetato	0,59	0,38	1,56
Melaza de caña	0,22	0,42	0,52
Suero lácteo	0,07	0,33	0,22
Hemicelulosa hidrolizada	0,07	0,20	0,34
Etanol	0,50	0,50	1,00

Dentro de la amplia variedad de residuos disponibles, según la Tabla 1.2 el suero lácteo se ubica a un precio razonablemente bajo en comparación con otras materias primas utilizadas, convirtiéndose en una materia prima atractiva con el fin de reducir costes en la producción de PHA.

1.3.1. ¿Que son los Polihidroxialcanoatos?

En términos generales los polihidroxialcanoatos son poliesteres lineales de origen microbiano (Figura 1.2) que son acumulados dentro del citoplasma producidas por ciertas bacterias como reserva de carbono y de energía (Reddy *et al.*, 2003; Chanpatreep, 2010; Alburquerque *et al.*, 2011).

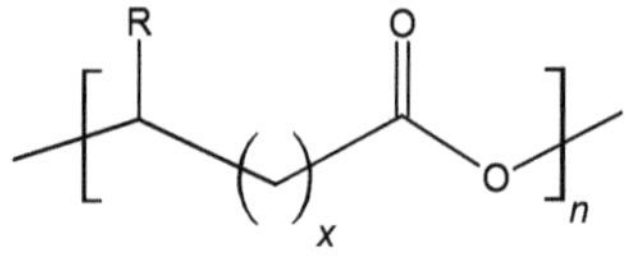

Figura 1.2 Formula general de PHA.

Los PHA son los únicos biopolímeros que son enteramente producidos y degradados por células vivas. Los PHA se presentan como discreta inclusiones de 0,2 ± 0,5 mm de diámetro localizados en las células citoplasmáticas. (Khanna y Srivastava, 2005; Braunegg *et al.*, 2007). Los gránulos del PHA son acumulados en forma líquida (Figure 1.3), como formas móviles y amorfas rodeados de una monocapa de fosfolípidos conteniendo enzimas polimerasas y depolimerasas. En algunos casos, los gránulos de PHA podría llegar a conformar hasta el 90 % del peso de la célula seca (Verlinden *et al.*, 2007).

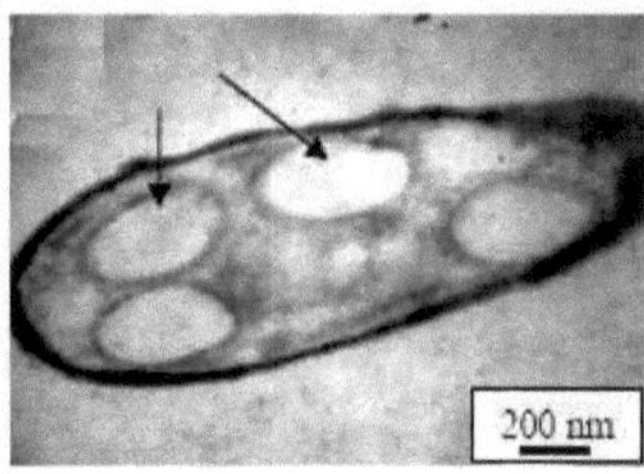

Figura 1.3 Observación de gránulos de PHA *Megaterium* MC1 en por microscopia de transmisión electrónica (Sudesh *et al.*, 2010).

Los PHA poseen propiedades fisicoquímicas similares a los plásticos obtenidos de la industria petroquímica (Tabla 1.3), tales como el polipropileno y polietileno. Todas las unidades monoméricas de PHA presentan configuración R por lo que son ácidos hidroxialcanoicos enantiomericamente puros.

Las ventajas principales de los PHA sobre los plásticos sintéticos consisten en que son sintetizados exclusivamente a partir de fuentes de carbono renovables; son biodegradables, ya que pueden ser asimilados por muchos microorganismos para su degradación, y son biocompatibles debido a que no causan efectos tóxicos en los organismos que los absorben (Akaraonye *et al.*, 2010; Harding *et al.*, 2007; Amache *et al.*, 2013).

Tabla 1.3 Comparación de propiedades entre polipropileno (PP) y polihidroxibutirato (PHB).

Parámetro	Polipropileno	PHB
Punto de fusión, Tm (°C)	171-186	171 -182
Temperatura de transición vítrea, Tg [°C]	-15	5-10
Cristalinidad [%]	65-70	65-80
Densidad [g cm^{-3}]	0,90 -0,91	1,23 – 1,25
Peso molecular Pm (x10^{-5})	2,2 - 7	1 -8
Fuerza tensil [MPa]	39	40
Resistencia a UV	pobre	buena
Resistencia al disolvente	buena	pobre
Biodegradabilidad	-	buena

Estructuralmente, los PHA se encuentran clasificados en base al número de átomos carbono presentes, donde la mayoría de los PHA se encuentran en el rango 3 y 5, encontrándose además PHA de entre 6 y 14 átomos de carbono, e incluso algunos con más de 14 átomos de carbono. Los PHA se pueden encontrar puros formando homopolimeros o en mezclas de monómeros de distinto tamaño de cadena carbonatada formando heteropolimeros (Sudesh *et al.*, 2013). Entre 3-5 átomos de carbono se denominan PHA de cadena corta tales como poli (3-hidroxibutirato) P(3HB) y poli(4-hidroxibutirato) P(4HB). Los PHA de cadena intermedia contienen de entre 6 y 14 átomos de carbono como por ejemplo: los homopolímeros poli(3-hidroxihexanoatos) P(3HHx), poli(3-hidroxioctanoatos P(3HO) y hetero polímeros tales como P(3HHx-co-3HO). Los PHA con más de 14 átomos de carbono son considerados de cadena larga y son muy poco comunes y los menos estudiados como por ejemplo los copolímeros P(3HB-3HV-3HHD-3HOD) encontrados en *Pseudomonas aeruginosa* (Volova, 2004).

Los PHA son biológicamente transformados por enzimas microbianas en moléculas inorgánicas tales como dióxido de carbono y agua bajo condiciones aeróbias o en metano y agua bajo condiciones anaeróbias (Shah *et al.*, 2008). Tal proceso es en parte debido al ciclo natural del carbón que existe en la naturaleza (Figura 1.3).

Figura 1.4 Biodegradabilidad de un envase hecho a base de PHA. Fuente: greenliving4live.com.

La habilidad de degradar PHA es llevado a cabo por bacterias y hongos los cuales dependen de enzimas depolimerasas específicas para PHA. La degradación puede llevarse a cabo en un ambiente extracelular o internamente por movilización intracelular del PHA dentro la bacteria.

Debido a sus características de biocompatibilidad, biodegradabilidad y poca citotoxicidad a las células, los PHA tiene múltiples aplicaciones, ganando popularidad en varios campos dentro de la biomedicina, industria farmacéutica, entre otros (García *et al.*, 2013).

El mayor uso que se le da en la actualidad se encuentra en la fabricación de embalajes para alimentos, bolsas contenedoras y cobertura de papel y cartón (Reddy *et al.*, 2003; Champatreep, 2010; Philips *et al.*, 2007) para ganar resistencia a las superficies húmedas. En el campo médico se utilizan en la manufactura de materiales osteo-sintéticos para la estimulación del crecimiento óseo (Zinn *et al.*,2001, Brigham *et al.*, 2012), en placas de hueso, suturas quirúrgicas y reemplazos de vasos sanguíneos.

Sin embargo, como se mencionó anteriormente, el mayor problema para la producción en gran escala y amplitud de aplicaciones radica en la parte económica, donde el coste de la producción de plásticos sintéticos es mucho más económico. En la Tabla 1.4. se presenta el precio de algunos biopolímeros comerciales comparando con los plásticos derivados de la industria petroquímica.

Tabla 1.4 Costes de plásticos y bio-plásticos en el año 2014.

Producto	Coste (US$ kg^{-1})
Plásticos de la industria petroquímica	0,7 -1,3 (dependiendo del tipo)
EVA (etilvinilacetato)	1,1 – 1,7
Novon (polímeros de fuentes de almidón)	3,5 – 3,7
PHA (polihidroxialcanoatos)	2,6 -2,7
BIOPOL (PHB/PHB-V)	8,8 – 13,2
PLA (ácido poliláctico)	3,3 – 6,6
PLLA (poliácido L-láctico)	2,5 – 4,2
Bio-Plásticos a partir de Soja	2,2 -2,4

Fuente: http://bioplasticsinfo.com/economics-of-bioplastic/2014

El precio elevado de los biopolímeros se debe en gran medida a los costes de las materias primas, los todavía pequeños volúmenes de producción y el alto coste del proceso de producción y recuperación del biopolímero, particularmente en lo que se refiere a la purificación.

En el año 2010 el mercado potencial de bioplásticos en los Estados Unidos alcanzó los 200.000 – 500.000 toneladas. El mayor mercado fue utilizado para el embalaje y la agricultura. Para el 2020 se espera un incremento de 2-5 millones de toneladas y, se espera que se expandirá en un futuro a otras áreas como la industria textil, automotriz y sectores de la agricultura (Bioplastics Market Trends and U.S.& E.U. Outlook, 2007, Chanprateep, 2010).

1.3.2. Ruta metabólica para la síntesis de PHA

La ruta de la biosíntesis de PHA más estudiada empleando microorganismos bacterianos es la de la bacteria *Ralstonia eutropha* a partir de carbohidratos. El proceso metabólico para la producción de PHA de cadena corta comienza a partir de la síntesis de la acetil-CoA, en una secuencia de tres reacciones catalizadas por las enzimas: 3-cetotiolasa (acetil-CoA acetil transferasa), acetoacetil-CoA reductasa (hidroxibutiril-CoA deshidrogenasa) y la poli(3-hidroxibutirato) sintetasa (Anderson *et al.*, 1990; García *et al.*, 2013). Las rutas metabólicas para la biosíntesis de P(3HB) también han sido estudiadas en otras bacterias y tambien las enzimas involucradas en el proceso. La enzima 3-cetotiolasa controla la biosíntesis de P(3HB) en *R. eutropha*, siendo la CoA el metabolito clave del proceso. La enzima 3-cetotiolasa se encuentra también presente en bacterias como *Azotobacter beijerinckii*, *Ralstonia eutropha*, *Zooglea ramigera* y *Rhizobium japonicum*. Por otra parte, la enzima acetoacetil-CoA reductasa ha sido investigada en las bacterias *Azotobacter beijerinckii*, *Rhodopseudomonas spheroides*, *Rhodomicrobium vannielii* y *Streptomyces coelicolor*. La otra enzima implicada es la P(3HB) sintetasa, asociada en su mayoría con gránulos de P3HB, como en el caso de *R. eutropha*, *R. rubrum*, B. *megaterium*, A. bei- jerinckii y Z. ramigera (Anderson *et al.,* 1990; Philips *et al.,* 2007).

En términos generales en la biosíntesis de PHA el componente clave es el acetil-CoA para obtener el 3-hidroxibutiril-CoA (Figura 1.5) como intermediario en la síntesis de PHA, que por acción de la enzima PHA-sintetasa da lugar a 3-hidroxibutirato.

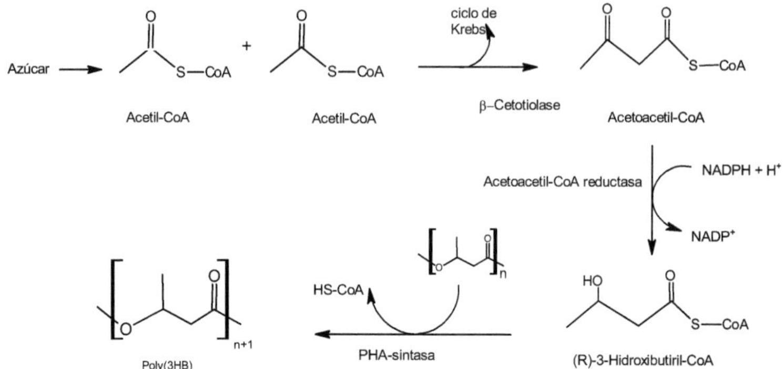

Figura 1.5 Ruta de la biosíntesis de PHA.

La síntesis de diferentes tipos de PHA a través de las bacterias dependen de la longitud de la cadena hidrocarbonada entre el grupo carboxilo y el largo de la cadena en sí. Cuando los organismos crecen en condiciones normales y hay suficientes CoA, que favorece la formación de acetil-CoA entrando en el ciclo de Krebs para producir energía. Sin embargo, cuando el acetil-CoA entra en el ciclo de Krebs es inhibido por ciertos nutrientes limitantes como el nitrógeno principalmente, este exceso de nutrientes es utilizado para la síntesis de PHA. Así, cuando el nutriente limitante es insuficiente y/o decrece la fuente de carbono en el medio, las células usan el PHA como reserva contenida en gránulos dentro del citoplasma por activación de la enzima depolimeraza (PHAZ) intracelular. Gracias a esta enzima el proceso se vuelve reversible generando acetil-CoA el cual entra de nuevo en el ciclo tricarboxílico (ATC) para producir energía (Albuquerque *et al.*, 2011).

1.3.3. Microorganismos involucrados en la producción de PHA

Existen más de 300 microorganismos diferentes conocidos capaces de sintetizar PHA de cadena corta (3-6 átomos de carbono) aunque solo unos cuantos tales como *Cupriavidus necator*, *Alcaligenes latus*, *Azotobacter vinelandii*, *Pseudomonas oleovorans*, *Paracoccus denitrificans*, *Protomonas extorquens*, y recombinante *E. coli* son capaces de producir suficiente PHA para producciones a gran escala (Du *et al.*, 2012). Los microorganismos de elección para la producción de PHA varían dependiendo de factores que incluyen la habilidad de la célula de utilizar fuentes de carbono de bajo coste (residuos agrícolas y subproductos industriales) (Bengtsson *et al.*, 2010; Nikodinovic-Runic *et al.*,2013), la tasa de crecimiento celular, la velocidad en la síntesis del polímero, la calidad y cantidad de PHA y el coste del proceso y de purificación.

1.3.4. Producción de PHA por cultivos puros

Actualmente los procesos de producción industrial de PHA están basados en el uso de cultivos puros microbianos como *Ralstonia eutropha*, *Alcaligenes latus* y *Burlkholderia sacchari* (Castilho *et al.*, 2009). Más recientemente el uso de cepas recombinantes hace más efectiva la producción de PHA debido a su rápido crecimiento, alta densidad celular y habilidad de usar diversos sustratos de bajo coste, y con simples procesos de purificación del polímero. Además, se han desarrollado cepas recombinantes de *Escherichia coli* anclados en *R. eutropha* para alcanzar entre un 80 -90% de PHA en peso seco de la célula (Lee *et al.*, 1997), sin embargo, la alta concentración celular obtenida y la necesidad de alimentación sumado al coste del proceso puede ocasionar un impacto en el coste de producción. Algunas de las cepas comúnmente utilizadas en producción a escala piloto y a gran escala son mencionadas en la Tabla 1.5.

La producción de PHA involucra procesos que van desde el desarrollo de cepas, optimización de los fermentadores de laboratorios y a escala piloto, y de procesos para llevarlos a escala industrial. A su vez la producción de cepas microbianas productoras de PHA depende de muchos factores que entre otros incluyen la densidad final alcanzada por los microorganismos, la tasa de crecimiento bacteriano, el porcentaje de PHA en residuo seco celular, el tiempo que toma para alcanzar una alta densidad de microorganismos involucrados, el tiempo en que el substrato se transforma en producto, el precio del sustrato y por último los métodos utilizados para la extracción y purificación de PHA.

Tabla 1.5 Cepas bacterianas comúnmente usadas para la producción a escala piloto e industrial de PHA.

Cepa bacteriana	DNA manipulación	PHA	Fuente de carbono	Concentración final biomasa (g L^{-1})	Concentración final PHA en célula (% peso seco)	Compañía
Ralstonia eutropha	No	PHB (10)	Glucosa	+200	+80%	Tianjin North. Food, China
Alcaligenes latus	No	PHB (10–300)	Glucosa o sucrosa	+60	+75%	Chemie Linz, btF, Austria Biomers, Germany
Escherichia coli	phbCAB + vgb	PHB (10)	Glucosa	+150	+80%	Jiang Su Nan Tian, China
Ralstonia eutropha	No	PHBV (300–2000)	Glucosa+ propionato	+160	+75%	ICI, UK Zhejiang Tian An, China
Ralstonia eutropha	No	P3HB4HB	Glucosa +	+100	+75%	Metabolix, USA
Escherichia coli	phbCAB	(+10 000)	1,4-BD	+206	+73%	Tianjin Green Biosci. China
Ralstonia eutropha	phaCAc	PHBHHx (1)	Acidos grasos volatiles	+100	+80%	P&G, Kaneka, Japan
Aeromonas hydrophila	No	PHBHHx (1)	Acido laurico	-50	-50%	P&G, Jiangmen Biotech Ctr, China
Aeromonas hydrophila	phbAB + vgb	PHBHHx (0.1)	Acido Laurico	50	+50%	Shandong Lukang
Pseudomonas putida	No	mcl PHA (0.1)	Acidos grasos	45	+60%	ETH, Switzerland
P. oleovorans Bacillus spp	No	PHB (5)	Sucrosa	+90	+50%	Biocycles, Brazil

vgb: gen codificado en Vitreoscilla hemoglobin; phbCAB: gen PHB síntasa codificado en b-ketothiolase, acetoacetyl-CoA reductasa y PHB sintasa de Aeromonas caviae; 1,4-BD: 1,4-butanediol; phaCAc: gen codificado de PHA sintasa en phaC de Aeromonas caviae

1.3.5. Producción de PHA por cultivos mixtos

La producción de PHA mediante cultivos mixtos microbianos se han convertido en una interesante alternativa frente a la tecnología de cultivo puros. Los cultivos mixtos son poblaciones bacterianas de composición no definida donde su composición depende de las condiciones impuestas en el sistema biológico. El interés en su uso se ha incrementado en los últimos años debido al menor coste de producción de PHA y al uso de sustratos de bajo coste como pueden ser las aguas residuales y residuos procedentes de la industria agroalimentaria. La producción de PHA mediante cultivos mixtos desarrollan reacciones específicas intra y extracelularmente para la producción de PHA. Las selecciones de poblaciones microbianas mixtas pueden tener gran capacidad de almacenamiento intracelular de PHA debido a las condiciones de operación que limita su metabolismo primario (Salehizadeh y Van Loosdrecht 2004). Los principios en que se basa la biotecnología de los cultivos mixtos consisten en la selección natural por competencia con otros microorganismos (Kleerebezem *et al.*, 2007). La presión selectiva para un metabolismo deseado es aplicada a una población bacteriana, seleccionando el sustrato y las condiciones de operación en el biorreactor de una manera apropiada. Es decir, el proceso se orienta más en el manejo del ecosistema bacteriano que en el desarrollo de microorganismos acumuladores en sí (Johnson *et al.*, 2009).

Las ventajas de este proceso se encuentran en la amplia variedad de materias primas rica en nutrientes que pueden ser utilizada como sustratos. A diferencia de la mayoría de los cultivos puros el almacenaje de PHA, en los cultivos mixtos no existe un control definido de nutrientes. Esto es particularmente ventajoso si las materias primas de residuos industriales contienen una composición indefinida (Serafim *et al.*, 2004). La producción de PHA por cultivos mixtos no necesitan esterilización de reactores y las bacterias se pueden adaptar a una composición compleja de varias materias primas de los residuos. El riesgo de degeneración de la cepa y contaminación prácticamente no existe, los residuos pueden ser usados como sustratos, y por último los reactores pueden ser operados en forma continuada dependiendo del abastecimiento del residuo utilizado.

Los cultivos mixtos para la producción de PHA tienen el potencial de producir grandes cantidades de PHA, sin embargo, actualmente uno de los inconvenientes radica en que el coste de producción mediante residuos fermentados excede a los costes por tratamiento de depuración de los mismos, llegando a alcanzar un valor de 11 € por kg haciendo que la producción de PHA por cultivos mixtos no sea muy rentable (Rhu *et al.*, 2003).

A diferencia de los cultivos puros, los cultivos mixtos no almacenan carbohidratos como PHA, sino que los almacena como glucógenos. Sin embargo, a través de un proceso de fermentación acidogénica previa se pueden obtener ácidos grasos volátiles (AGV) para ser utilizados por cepas mixtas microbianas para producir PHA (Reddy *et al.*, 2012). La mayoría de los estudios de producción de PHA se llevan a cabo usando ácidos orgánicos sintéticos como acetato, propionato, butirato y valerato, llegando a acumular PHB hasta un 65 % en peso celular seco. Algunos trabajos publicados describen que la producción de PHA por cultivos mixtos usan materias primas de bajo coste provenientes de subproductos de la industria con alta carga orgánica, requiriendo de una fermentación anaeróbica.

Lo mecanismos de selección con cultivos mixtos se basan en general en la limitación externa del crecimiento celular por limitación de un nutriente esencial para la síntesis de PHA, como el oxígeno en los anaerobios-aerobios, anóxico-aerobio y procesos microaerófilos. También en base a la limitación interna del crecimiento celular en condiciones de alimentación dinámica aerobia (ADF, por sus siglas en inglés).

Se ha propuesto un sistema de producción de PHA mediante el enriquecimiento de bacterias acumuladoras alternando condiciones aeróbicas/anaeróbicas de organismos acumuladores (PAO y GAO) (Laycock *et al.*, 2014; Miño *et al.*, 1998). Este proceso se ha aplicado con eficiencia en sistemas de tratamiento para la eliminación de fósforo donde se observó que colateralmente estos microorganismos acumulaban PHA bajo condiciones anaerobias utilizando polifosfato (PAO) para sintetizar el PHA donde el fosforo es liberado en anaerobiosis, y es recaptado luego en fases de aerobiosis o anoxia por organismos acumuladores de glucógeno (GAO) compitiendo por el sustrato con los PAO. Los GAO ciclan el PHA y glucógeno en forma similar a los PAO, aunque los GAO no utiliza polifosfato en su proceso metabólico, ambos grupos de organismos alcanzan un máximo de contenido de PHA del orden del 20% (gramos de PHA por gramo celular seco) (Lopez-Vázquez *et al.*, 2009).

Otro proceso donde se ha logrado obtener un contenido de PHA en los microorganismos entre el 30 y el 57 % aplicando condiciones anaerobias-aerobia es en el proceso denominado PABER (bacterias acumuladoras de PHA en un reactor aumentado (Serafim *et al.*, 2008). Sin embargo, el contenido de PHA en este proceso no es estable.

Los procesos microaerófilos-aerobios se han propuestos también para la acumulación de PHA (Chua *et al.*, 2003). El primer paso (microaerófilo) consiste en la limitación de oxígeno que previene el crecimiento de microrganismo mientras el carbono es usado para la producción de PHA en la fase aerobia, el PHA es usado como fuente de carbono y energía para el crecimiento y mantenimiento. Con este proceso se ha alcanzado un contenido máximo de PHA del 62 %, pero igual que en los otros procesos anteriormente descrito, la producción de PHA no es estable.

La alimentación aeróbica dinámica (ADF) es un sistema desarrollado recientemente para la producción de PHA, que consiste en la disponibilidad de sustrato externo para que los microorganismos tengan la opción de usar ese sustrato para su crecimiento y para la acumulación o reserva intracelular en forma de PHA. El modelo conceptual de síntesis de PHA asume que la acumulación ocurre cuando factores externos limitan el crecimiento por la falta de nutrientes como oxígeno o nitrógeno, o factores internos como pueden ser la insuficiente cantidad de ARN o enzimas requeridas para el crecimiento (Dias *et al.*, 2006).

Este proceso también conocido como *"feast/famine"*, debido a que la disponibilidad de sustrato alterna periódicamente con periodos de inanición de éste, causando una disminución en la cantidad de componentes intracelulares (ARN y enzimas) necesarios para el crecimiento bacteriano. Después del periodo *"famine"*, de limitación de sustrato, las células entran otra vez en fase *"feast"* donde el sustrato es captado rápidamente para acumular PHA y desarrollar los procesos metabólicos.

La tasa de crecimiento de la biomasa no se incrementa a la misma velocidad que debería corresponder con la velocidad de consumo de sustrato. Esto se debe a que una parte del sustrato almacenado es utilizado para el mantenimiento celular. En el periodo de *"famine"* las bacterias consumen el PHA almacenado para poder ser usado para el mantenimiento celular y subsistencia limitando su crecimiento debido a que el insuficiente número de enzimas necesarias para este proceso. La operación del reactor bajo condiciones feast/famine permite seleccionar y enriquecer las poblaciones microbianas con una alta capacidad de almacenaje de PHA (Figura 1.6)

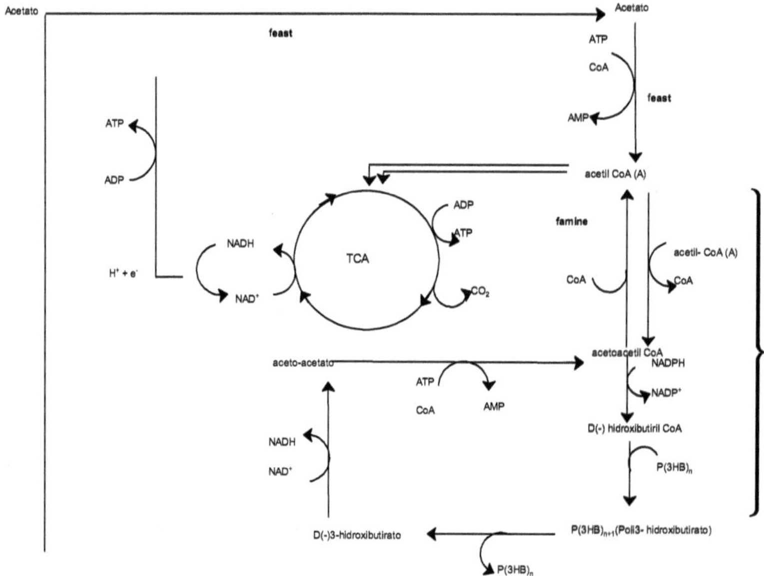

Figura 1.6 Metabolismo de producción de PHA por cultivos mixtos bajo el proceso feast/famine.

Se asume que el metabolismo de acumulación de PHA en cultivos mixtos es similar a los reportados para cultivos puros usando la misma fuente de carbono. El conocimiento de los pasos metabólicos para la síntesis de PHA permite anticipar la composición del biopolímero y llevar a cabo un balance de materiales (Serafim *et al.*, 2008).

A pesar de la alta productividad especifica obtenida con los cultivos mixtos, la productividad volumétrica todavía se considera insuficiente en comparación con la obtenida con los cultivos puros. Esta baja productividad volumétrica se debe a la baja concentración de biomasa que usualmente se alcanza con los cultivos mixtos; así la máxima concentración celular reportada para operaciones en procesos de alimentación aerobia dinámica (ADF) ha sido de 6.1 g L^{-1} (Dionisi *et al.*, 2006), la cual se considera mucho más baja que la obtenida con los cultivos puros, que suele ser superior a los 80 g L^{-1} (Choi & Lee, 1999; Diaz *et al.*, 2006). Según modelos que relacionan la producción de PHA a partir de acetato si la concentración de biomasa en procesos ADF es superior a 10 g L^{-1} el proceso podría ser comparable al proceso de producción de PHA empleando cultivos puros. El incremento de la concentración de biomasa podría ser posible si los microorganismos seleccionados tuvieran gran capacidad de crecimiento y de almacenamiento (Serafim *et al.*, 2004) condiciones que no se han establecidos para estos procesos.

El proceso ADF para enriquecimiento de cultivos mixtos se realiza generalmente en reactores secuenciales SBR (Johnson *et al.*, 2009), donde el equilibrio entre la tasa de crecimiento y almacenamiento es la clave para determinar la ruta bioquímica de conversión de sustrato en PHA, donde el tiempo de producción de biomasa es mucho más corta y demandante de energía, resultando en una alta velocidad de toma del sustrato cuando se almacena PHA, permitiendo una selección efectiva de microorganismos acumuladores por poblaciones mixtas. En procesos industriales de producción de PHA, la fase de producción de biomasa es seguida por la fase de acumulación donde los microorganismos se saturan con exceso de sustrato, logrando una acumulación de PHA entre 70 - 80 % en peso celular seco en los procesos de recuperación (Kleerebezem *et al.*, 2007).

Los procesos de producción de PHA por cultivos mixtos tiene lugar en tres etapas (Duque *et al.*, 2014; Albuquerque *et al.*, 2007; Reis *et al.*, 2003) utilizando sustratos de materias primas de bajo coste como, por ejemplo, la melaza de azúcar de caña, suero lácteo, etc. Las etapas de producción incluyen: una primera fase de fermentación acidogénica donde el sustrato, efluente residual industrial es transformado en ácidos grasos volátiles, una segunda fase de enriquecimiento de cultivos mixtos acumuladores de PHA empleando el proceso ADF mediante ciclos feast /famine (Johnson *et al.*, 2009), y finalmente la fase de producción de PHA utilizando los microorganismos seleccionados en la fase dos y alimentados con el efluente fermentado en la fase primera.

1.3.6. Extracción y recuperación de los PHA

La metodología reportada más frecuentemente para la extracción de PHA de la biomasa microbiana ha sido el uso de hidrocarburos clorados, como el cloroformo (Fuchtenbusch *et al.* 1996; Ramsay *et al.*, 1994). La solución de PHA resultante se filtra para remover restos de células, el PHA concentrado se precipita con metanol o etanol. Con esta técnica los lípidos de bajo peso molecular se quedan en solución y no interfieren con la determinación. El uso de disolventes clorados es el más utilizado para la extracción de PHA de cadena corta como el P3HB, sin embargo, los PHA se cadena media son solubles en un rango de disolventes más amplio. Debido a que el uso a gran escala de los disolventes mencionados anteriormente puede ser costoso, también se han desarrollado otros procesos de extracción en base al uso de carbonato de etileno y propileno (Fiorese *et al.*, 2009). Otras metodologías se basan en la liberación del polímero de las células mediante la ruptura de las mismas usando soluciones de hipoclorito de sodio, ácidos o bases (Horowitz, 2002).

1.4.   La fermentación acidogénica como primer paso en la obtención de biopolímeros: tecnología del proceso

Los procesos de fermentación acidogénica son el paso previo en la producción de PHA mediante microorganismos mixtos, que consiste en degradar materia la orgánica de compleja constitución en sustratos fermentados susceptibles de ser utilizados por microorganismos acumuladores de PHA.

Para llevar a cabo este proceso se utilizan biorreactores adaptados al líquido fermentado, en cuanto a las características del contenido orgánico y la carga orgánica que posee. Esta adaptación se realiza mediante la elección y diseño del tipo de reactor además del control en los parámetros de operación. El metano es usualmente considerado como el producto final de la degradación anaerobia, sin embargo en pasos intermedios en la fermentación acidogénica se producen metabolitos que pueden competir con el valor que el metano puede tener en el mercado, como son los ácidos grasos volátiles (AGV). Lo AGV se pueden emplear como sustratos para la producción de PHA. Por ejemplo, a partir del suero lácteo debido a su elevada carga orgánica, se pueden obtener AGV con un alto rendimiento y emplearlos para producir PHA (Lee *et al.*, 2014).

Los AGV son ácidos grasos volátiles de cadena corta de entre 3 y 6 átomos de carbono y lo constituyen los ácidos acético, propiónico, butírico y valérico. En el proceso de digestión anaerobia para producir AGV tienen lugar las etapas de hidrolisis y fermentación acidogénica. El control del proceso de digestión anaerobia va a determinar la distribución de AGV de gran importancia para la composición final del PHA.

En la Figura 1.7 se muestra el proceso de obtención de PHA a través de las rutas derivadas de diferentes ácidos grasos volátiles.

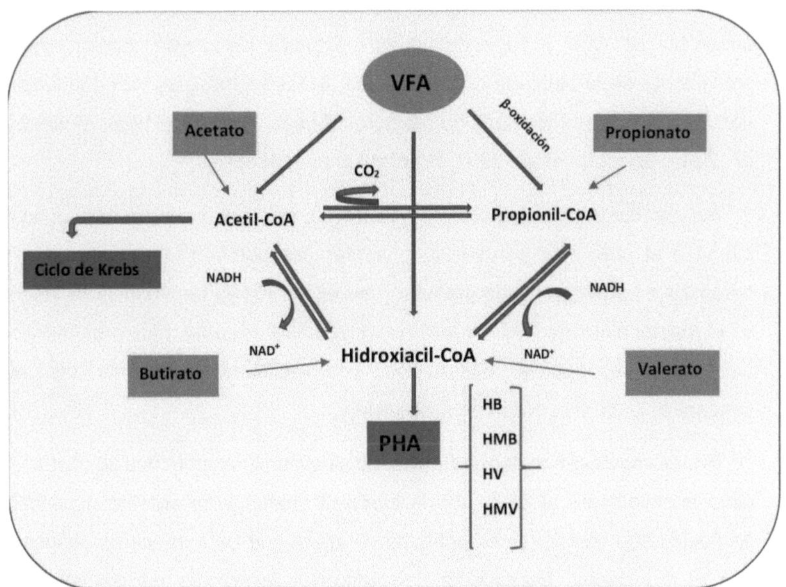

Figura 1.7 Representación esquemática del proceso de producción de PHA a partir de diferentes AGV.

Los microorganismos acidogénicos tiene requerimientos nutricionales fisiológicos específicos, además de ciertas condiciones de operación para su crecimiento y el desarrollo de una cinética determinada. Se ha demostrado que la composición de AGV puede ser afectado por determinados parámetros de operación como el pH, tiempo de retención y temperatura (Bengtsson *et al.*, 2008). Por ejemplo, en los procesos anaerobios de dos fases, la separación física entre microorganismos productores de AGV y microorganismos metanogénicos conducen a la ausencia de toma de hidrógeno, provocando una acumulación de éste, y por consiguiente a una alteración en los pasos de fermentación en la fase acidogénica (Fernández, 1986).

Actualmente uno de los puntos críticos de interés científico en la fase acidogénica es entender la naturaleza de las etapas metabólicas y de las diferentes velocidades específicas, además es necesario establecer una relación entre las condiciones del proceso de fermentación acidogénica durante la producción de AGV y el uso de diferentes materias primas.

Las tecnologías actualmente usadas para la producción mediante la digestión anaeróbia de AGV a partir de aguas residuales industriales suelen emplear crecimiento de la biomasa en suspensión. Estas tecnologías han conducido al desarrollo de diferentes tipos de reactores (Malaspina, *et al.*, 1996; *Mockaitis et al.*, 2006; Saddoud *et* al., 2007; Bradford *et al.*, 1986).

Así se tiene por ejemplo los **reactores de lecho empacado** donde la biomasa al crecer se adhiere sobre materiales porosos tales como alúmina, cerámica o carbón activado granular (Lee *et al.,* 2014). La biomasa es retenida en el reactor evitando la eliminación por lavado del efluente, pero presenta como desventaja la posible obstrucción con residuos debido a las altas concentraciones de sólidos en suspensión.

En los reactores de lecho fluidizado se evitan los problemas de obstrucción este inconveniente al dejar que la biomasa crezca y se adhiera a pequeñas partículas que componen el lecho, como arena que permanece en suspensión con el movimiento ascendente del fluido. La tecnología de crecimiento en suspensión permite a la biomasa crecer libremente en suspensión.

Otros tipos de reactores que funcionan en base al crecimiento de biomasa en suspensión son los **reactores anaerobios de manto de lodo en flujo ascendente de manto de lodo (UASB), los reactores de tanque agitado**

continuos (CSTR) y los **reactores secuenciales anaerobios (SBR),** tal como se muestra en la Figura 1.8

La ventaja de los reactores UASB radica en la formación de una densa biomasa de sedimentación rápida llamada gránulos (Lee *et al.*, 2010). Estos gránulos son retenidos en el reactor por sedimentación formando un manto de lodo en el fondo del reactor. Un separador gas-líquido se incorpora en el reactor para permitir que los gránulos menos densos lleguen al tope del reactor y regresen al manto de lodo. La desventaja de estos reactores es el largo periodo de inicio si el inoculo no es completamente granulado. Usualmente toma entre 80 o más días para llevar a cabo la fermentación.

Los reactores CSTR permite lograr una mezcla completa del sustrato con la biomasa, y la eficiencia en la fermentación depende en gran medida del diseño del reactor (Lee *et al.*, 2014). Estos reactores deben evitar que la velocidad de agitación destruya a las bacterias en suspensión. Generalmente se utilizan clarificadores de sedimentación por gravedad para separar el manto.

Tanto el reactor UASB como el CSTR son operados en modo continuo. Ambos presentan como desventajas los largos tiempos de retención de sólidos (sobre algunos días) que resulta en sistemas de reacciones lentas de fermentación. Una alternativa podría ser la utilización de reactores semicontinuos o discontinuos. Por ejemplo, en vez de alimentar o retirar el contenido de un CSTR continuamente se podría hacerlo de forma intermitente y el resultado sería el llamado reactor de alimentación discontinua (Fed-Batch).

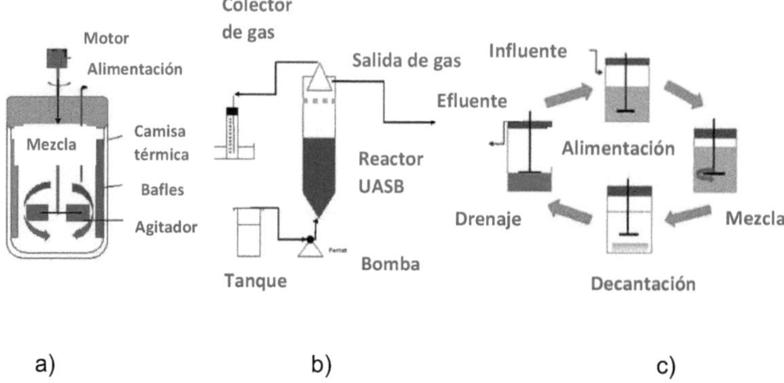

Figura 1.8 Algunos tipos de reactores usados en fermentación anaerobia: a) CSTR, b) UASB, c) An-SBR.

Los reactores discontinuos secuenciales (SBR) son sistemas utilizados para trabajar en ciclos dentro de un mismo reactor. Opera secuencialmente en varias fases que son: llenado de alimentación reacción, decantación y vaciado (Vigneswaran *et al.*, 2009). La deferencia entre los sistemas convencionales y el SBR radica en que en los sistemas convencionales se utilizan generalmente dos procesos en dos reactores distintos mientras que en el SBR se realizan los dos en el mismo tanque. Este tipo de reactor presenta como ventaja principal la adaptación a las continuas variaciones en la concentración de los residuos, producto de variaciones en el flujo volumétrico del influente.

1.4.1. Efecto de los parámetros de operación en el proceso de acidificación

Los parámetros operacionales tales como el pH, la temperatura, el tiempo de retención y la velocidad de carga orgánica tienen gran efecto en la concentración y la composición de ácidos grasos producido en la fermentación acidogénica de aguas residuales industriales.

El pH de operación es un factor muy importante para la producción de AGV debido a que la mayoría de las bacterias acidogénicas no sobreviven en ambientes extremadamente ácidos (pH 3) o alcalinos (sobre pH 12). El valor de pH permitido para la producción de AGV se encuentra en el rango de 5 - 11 dependiendo del tipo de residuos (Domingos *et al.*, 2013).

En cuanto al efecto de la temperatura, se han realizado muchos estudios sobre su influencia en la producción de AGV, a temperaturas bajas (4-20 ºC), medias (20–50 ºC), altas (50–60 ºC) y extremadamente altas (60–80 ºC). Se ha mostrado que la temperatura afecta la composición microbiana y así como a la composición de AGV, aunque algunos estudios muestran que especies microbianas similares pueden resistir a los cambios de temperaturas manteniendo constante la producción y composición de AGV en el efluente (Lee *et al.* 2014).

El efecto de retención de sólidos y de líquidos en el reactor son parámetros críticos en la acidificación anaerobia para la producción de AGV por poblaciones de bacterias mixtas. Mientras que el tiempo de retención hidráulico está relacionado con el coste de inversión inicial que determina el volumen del reactor, el tiempo de retención de sólidos gobierna la selección de las especies microbianas presentes en el reactor.

Por último, el efecto de la velocidad de carga orgánica (VCO) tiene una influencia importante en la producción y distribución de ácidos grasos volátiles.

1.5. Producción de PHA a partir de Suero lácteo

Desde hace algún tiempo se han realizado estudios proponiendo suero lácteo para la producción de PHA. Hasta ahora se han planteado tres posibles rutas para obtener PHA a partir de la lactosa que son en: 1) la conversión directa de lactosa a PHA, 2) la hidrólisis de la lactosa (química o enzimática) para luego convertir la glucosa y galactosa en PHA, y 3) la fermentación de la lactosa para obtener AGV, o ácido láctico para luego convertirlos en una segunda etapa en PHA.

Algunos investigadores han desarrollado cepas recombinantes de *C. necátor* las cuales son capaces de producir directamente el PHA a partir del suero lácteo en un solo paso reduciendo significativamente el costo de producción.

En otro estudio el proceso es en dos fases para la producción de PHB, donde la lactosa es primero convertida en ácido láctico por *lactobacilos*, y luego el ácido láctico es usado como fuente de carbono por *R. eutropha* para la producción *de* PHA (Verlinder *et al.*, 2007).

Generalmente la producción de PHA a partir del suero lácteo mediante cultivos microbianos puros ha tenido un mayor avance en los últimos años, sin embargo, son pocos los microorganismos que pueden convertir directamente lactosa a PHA (Koller *et al.*, 2012). Koller *et al.* (2008) han utilizado *Haloferax mediterranei* llegando a acumular un 50 % en peso celular seco de poly-3-hydroxybutyrato-co-hydroxyvalerato a partir de suero hidrolizado. Recientemente se ha reportado que bacterias gram-positivas de *Bacillus megaterium* CCM2307 han llegado a producir una biomasa de 2.5 g L^{-1}, conteniendo 0.8 g L^{-1} de PHB utilizando SL (Obruca *et al.*, 2011; Kulpreecha, *et al.*, 2009). La producción de PHB en procesos de alimentación discontinua con cepas recombinantes de *Escherichia coli* CGSC 4401 anclados sobre *Alcaligenes latus* han obtenido 280 g L^{-1} de concentrado de células con un contenido de PHB de 119.5 g L^{-1} (Ahn *et al.*, 2000; Nikel *et al.* (2006) han llegado a obtener hasta 70 g L^{-1} de biomasa con un 51 g L^{-1} de PHB (72.9% en contenido celular en peso seco) en un reactor en discontinuo con control de pH a 7.2, usando cepas recombinantes de *E. coli K24K* con genes de phaC genes de *Azotobacter sp*. FA8 en medio semisintéticos suplementado con suero lácteo desproteinizado.

La fermentación de suero lácteo a través de hidrolisis enzimática y química de la lactosa donde los monómeros resultantes son glucosa y galactosa son usados por microorganismos productores de PHA, tal como Pseudomonas *hydrogenovora* y *Haloferax mediterranei* (Koller *et al.*, 2012).

Alternativamente se han propuesto también procesos de fermentación que involucran la conversión anaeróbica de lactosa en ácido láctico para la producción de PHA realizados por bacterias acumuladoras como *Alcaligenes latus* (Koller *et al.*, 2008).

Considerando posibles vías de producción de PHA a partir del suero lácteo el proceso de producción industrial mediante microorganismos puros depende de muchos factores, pero mayoritariamente de la cepa disponible, (Koller *et al.*, 2008).

Tabla 1.6 Microorganismos involucrados en la producción de PHA a partir de suero lácteo.

Suero	microorganismos	Tipo de polímero	Productividad (g/l)	PHB (%)	Referencia
Suero lactosa	*Haloferax mediterranei*	PHBV	14.7	50	Koller *et* al. (2007)
Suero hidrolizado de lactosa	*Pseudomonas Hydrogenovora*	PHB	1.3	25	Koller *et* al. (2008)
Suero hidrolizado	*Bacillus megaterium CCM2307*	PHB	0.8	32	Obruca *et al.* (2011)
Suero hidrolizado	*Escherichia coli. CGSC 4401*	PHB	96.2	80	Ahn *et* al. (2000)
Suero de lactosa	*E. coli CGSC 6576*	PHB	69	87	Wong and Lee (1998)
Suero de lactosa	*E. coli K24K*	PHB	51	73	Nikel et al. (2006)

La producción de PHB comercial a partir de suero lácteo tanto en polvo como permeado (Carletto, 2014) se ha estudiado a partir de la hidrolisis de la lactosa, transformada en glucosa y galactosa, para en un siguiente paso de glicolisis, producir piruvato. Esta molécula es entonces transformada en acetil CoA y posteriormente en PHB (Alburquerque *et al.*, 2011; Gumel *et al.*, 2013).

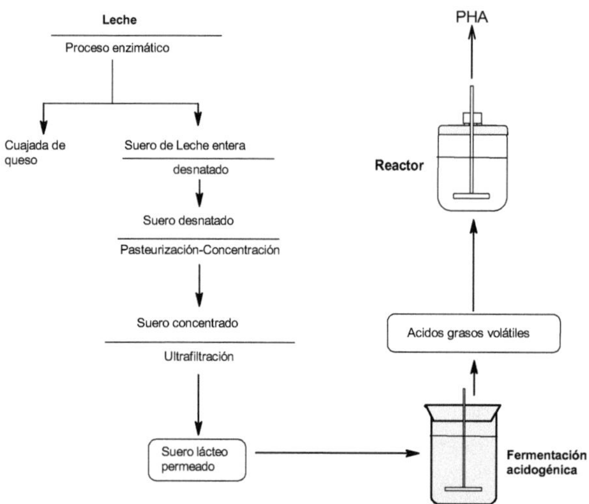

Figura 1.9 Proceso de producción de PHA a partir de los AGV del suero lácteo.

La producción de PHA mediante la fermentación acidogénica del SL para producir AGV empleando cultivos mixtos es otra vía alternativa de producción de PHA. En la primera etapa anaerobia se forman AGV, que luego en una segunda etapa son convertidos en PHA por bacterias acumuladoras de PHA en un proceso aerobio. La composición de los monómeros de los biopolímeros de PHA depende de los tipos de AGV que se consumen. Los AGV formados por ácido ácetico y ácido butírico tienden a formar hidroxibutirato (HB), mientras que los AGV compuestos por ácido propiónico y ácido valérico tiende a formar hidroxivalerato (HV). Las propiedades físicas y mecánicas del PHA dependen de la composición del biopolímero. Los PHB son rígidos y quebradizos y con la incorporación de HV para formar un copolímero de (PHB-co-HV) se consigue una mayor elasticidad y flexibilidad (Bengtsson *et al.*, 2008). La incorporación de hidroxivalerato es importante porque reduce la cristalinidad del PHA resultante, es decir reduce la dureza y la fragilidad y se incrementa la flexibilidad (Alburquerque *et al.*, 2011; Martìnez-Sanz *et al.*, 2014).

Es posible predecir la composición del PHA conociendo la composición en ácidos grasos volátiles presentes en el suero fermentado. Por lo tanto, controlando las condiciones de operación del proceso de fermentación ácida se puede influir en la distribución de ácidos graos volátiles y por consiguiente, en la composición final del PHA (Alburquerque *et al.,* 2011; Pardelha *et al.,* 2012; Duque *et al.,* 2014).

Colombo *et al.* (2016), observó que la producción y composición del PHA era distinta al variar la composición del suero lácteo fermentado. En su trabajo usó dos tipos de SL fermentados, uno compuesto de ácidos láctico, acético y butírico en proporción 58/16/26 (% DQO) y otro suero compuesto de ácidos acético, propiónico, butírico, láctico y ácido valérico, en proporción de 58/19/13/6/4 (% DQO), obteniendo en el primer caso un rendimiento de PHA de 0.24 ± 0.02 mg DQO PHA mg DQO^{-1} SSV, correspondiente a 60 mg PHA L^{-1} de sustrato; mientras que en el segundo un rendimiento de 0.42 ± 0.03 mg DQO PHA mg DQO^{-1}SSV, correspondiente a 70 mg PHA L^{-1} de sustrato. También se observó que el PHA obtenido en el primer caso era mayoritariamente 3-hydroxybutyrato (HB) mientras que en el segundo caso 40% de 3-HV y 60% de HB.

Duque *et al.,* (2012), estudiaron el efecto del cambio de materia prima como una estrategia para la producción de PHA en procesos de fermentación durante largo tiempo de operación. El proceso consistió en utilizar suero lácteo en una primera parte y luego reemplazando en un segundo periodo con agua residual de la industria del azúcar. Observaron que los microorganismos acidogénicos asimilan bien el cambio de sustrato con diferente perfil de ácidos grasos volátiles, conteniendo ácidos acético y butírico mayoritariamente en el suero lácteo y ácido propiónico y valérico mayoritariamente en el agua residual de la industria del azúcar. En este estudio se alcanzó un contenido máximo de PHA para el SL de un 65 % sobre biomasa seca y 56 % con el agua residual del azúcar de caña.

La producción de PHA a partir de suero fermentado mediante el uso de cultivos mixtos presenta buenos rendimientos y una alta productividad según lo observado en la Tabla 1.7. Las diferencias en los resultados obtenidos están relacionadas con el perfil de ácidos grasos volátiles empleados como sustrato para producir PHA. Estos resultados muestran que la fermentación acidogénica juega un rol importante en los rendimientos, cinéticas en la producción de PHA, así como en las propiedades del PHA

Tabla 1.7 Producción de PHA utilizando cultivos mixtos a partir del suero lácteo fermentado.

Parámetros	Sintético	SL	SL	SL
Perfil AGV (Hac/HPr/HBu/Hval (% base Cmol)	68/26/3/2	58/19/13/4	68/21/8/3	50/5/36/4
PHA_{max} (%, p/p)	52	81,4	65	30
$-q_s$ (Cmol AGV Cmol X^{-1} h^{-1})	0,52	-	0,45	0,59
q_{pha} (Cmol PHA Cmol X^{-1} h^{-1})	0,32	-	0,30	0,26
Y_{PHA} (Cmol PHA Cmol VFA^{-1})	0,52	0,7	0,65	0,64
Composición (HB/HV)	81/19	60/40	81/19	70:30
Productividad (g PHA $L^{-1}d^{-1}$)	0,46	1,17	0,56	-
Referencia	Duque, *et al.* (2013)	Colombo *et al.* (2016)	Duque *et al.* (2013)	Silva (2013)

1.6. Referencias

Anderson, A. J., Haywood, G. W. & Dawes, E. A. (1990). Biosynthesis and composition of bacterial polyhydroxyalkanoates. *International journal of biological macromolecules*, *12*(2), 102-105.

Akaraonye, E., Keshavarz, T. & Roy, I. (2010). Production of polyhydroxyalkanoates: the future green materials of choice. *Journal of chemical technology and biotechnology*, *85*(6), 732-743.

Amache, R., Sukan, A., Safari, M., Roy, I. & Keshavarz, T. (2013). Advances in PHAs production. *Chemical engineering transactions*, *3,2* 931-936.

Ahn W. S., Park S. J. & Lee S. Y. (2000). Production of poly (3-Hydroxybutyrate) by fed-batch culture of recombinant *escherichia coli* with a highly concentrated whey solution. *Applied and environmental microbiology*, *66*(8), 3624-3627.

Albuquerque M. G. E., Martino V., Pollet E., Avérous L. & Reis M. A. M. (2011). Mixed culture polyhydroxyalkanoate (PHA) production from volatile fatty acids (VFA)-rich streams: effect of substrate composition and feeding regime on PHA productivity, composition and properties. *Journal of biotechnology*, *151*(1), 66-76.

Albuquerque M. G. E., Eiroa M., Torres C., Nunes B. R. & Reis M. A. M. (2007). Strategies for the development of a side stream process for polyhydroxyalkanoate (PHA) production from sugar cane molasses. *Journal of biotechnology, 130*(4), 411-421.

Barford, J. P., Cail, R. G., Callander, I. J. & Floyd, E. J. (1986). Anaerobic digestion of high-strength cheese whey utilizing semicontinuous digesters and chemical flocculant addition. *Biotechnology and bioengineering*, *28*(11), 1601-1607.

Ben, M., Kennes, C. & Veiga, M. C. (2016). Optimization of polyhydroxyalkanoate storage using mixed cultures and brewery wastewater. *Journal of chemical technology and biotechnology*, *91*(11), 2817-2826.

Bengtsson, S., Pisco, A. R., Reis, M. A. & Lemos, P. C. (2010). Production of polyhydroxyalkanoates from fermented sugar cane molasses by a mixed culture enriched in glycogen accumulating organisms. *Journal of biotechnology, 145*(3), 253-263.

Bengtsson, S., Hallquist, J., Werker, A. & Welander, T. (2008). Acidogenic fermentation of industrial wastewaters: effects of chemostat retention time and pH on volatile fatty acids production. *Biochemical engineering journal, 40*(3), 492-499.

Braunegg, G., Koller, M., Varila, P., Kutschera, C., Bona, R., Hermann, C., Horvat, P., Neto, J. & Pereira, L. (2007). *Production of plastics from waste derived from agrofood industry* (pp. 119-135). CRC Press, Taylor&Francis Group, Boca Raton, FL, USA.

Brigham C. J. & Sinskey A. J. (2012). Applications of polyhydroxyalkanoates in the medical industry. *International Journal of biotechnology for wellness industries,* 1(1), 52.

Colombo B., Tommy, P. S., Maria, R., Barbara, S., & Fabrizio, A. (2016). Polyhydroxyalkanoates (PHAs) production from fermented cheese whey by using a mixed microbial culture. *Bioresource technology,* 218, 692–699.

Carletto, R. A. (2014). Studio della produzione di poliidrossialcanoati da siero di latte. (Doctoral dissertation, Politecnico di Torino).

Castilho L. R., Mitchell D. A. & Freire D. M. (2009). Production of polyhydroxyalkanoates (PHAs) from waste materials and by-products by submerged and solid-state fermentation. *Bioresource technology, 100*(23), 5996-6009.

Chanprateep, S. (2010). Current trends in biodegradable polyhydroxyalkanoates. *Journal of bioscience and bioengineering, 110*(6), 621-632.

Chee J.Y., Yoga S.S., Lau, N.S., Ling, R. Abed M. M. & Sudesh K. (2010) Bacterially produced polyhydroxyalkanoate S.C. (PHA): Converting renewable resources into bioplastic. Current research. *Technology and education in applied microbiology and microbial biotechnology.* 2.1395-1404.

Choi J. & Lee S. Y. (1999). Factors affecting the economics of polyhydroxyalkanoate production by bacterial fermentation. *Applied microbiology and biotechnology,* 51(1), 13–21.

Cordi, L., Almeida, E.S., Assalin, M.R. & Duran, N. (2007). Intumescimento filamentoso no processo de lodos ativados aplicado ao tratamento de soro de queijo: caracterização e uso de floculantes para melhorar a sedimentabilidade. *Engenharia ambiental-espírito santo do Pinhal 4* (2), 26-37.

Comino, E., Riggio, V. & Rosso, M. (2011). Mountain cheese factory wastewater treatment with the use of a hybrid constructed wetland. *Ecological engineering, 37*(11), 1673-1680.

Chua A. S. M., Takabatake H., Satoh H. & Mino T. (2003). Production of polyhydroxyalkanoates (PHA) by activated sludge treating municipal wastewater: Effect of pH, sludge retention time (SRT) and acetate concentration in influent. *Water research, 37*(15), 3602–3611.

Domingos J. M. B. (2013). Acidogenic digestion of effluents of the cheese industry in packed bed biofilm reactors. (Doctoral dissertation, Universidade NOVA).

Dionisi D., Majone M., Vallini G., Di Gregorio S. & Beccari M. (2006). Effect of the applied organic load rate on biodegradable polymer production by mixed microbial cultures in a sequencing batch reactor. *Biotechnology and bioengineering, 93*(1), 76–88.

Dias J. M. L., Lemos P. C., Serafim L. S., Oliveira C., Eiroa M., Albuquerque M. G. E. & Reis M. A. M. (2006). Recent advances in polyhydroxyalkanoate production by mixed aerobic cultures: From the substrate to the final product. *Macromolecular bioscience, 6*(11), 885–906.

Duque, A. F., Oliveira, C. S., Carmo, I. T., Gouveia, A. R., Pardelha, F., Ramos, A. M. & Reis, M. A. (2014). Response of a three-stage process for PHA production by mixed microbial cultures to feedstock shift: impact on polymer composition. *New biotechnology, 31*(4), 276-288.

Du, C., Sabirova, J., Soetaert, W., & Ki Carol Lin, S. (2012). Polyhydroxyalkanoates production from low-cost sustainable raw materials. *Current chemical biology*, *6*(1), 14-25.

Fang, H. H. (1991). Treatment of wastewater from a whey processing plant using activated sludge and anaerobic processes. *Journal of dairy science*, *74*(6), 2015-2019.

Fernandes, M. I. A. P. (1986). Application of porous membranes for biomass retention in a two-phase anaerobic process. (Doctoral dissertation, University of Newcastle upon Tyne).

Fiorese, M. L., Freitas, F., Pais, J., Ramos, A. M., de Aragão, G. M. & Reis, M. A. (2009). Recovery of polyhydroxybutyrate (PHB) from *Cupriavidus necator* biomass by solvent extraction with 1, 2-propylene carbonate. *Engineering in life sciences*, *9*(6), 454-461.

Füchtenbusch, B., Fabritius, D. & Steinbüchel, A. (1996). Incorporation of 2-methyl-3-hydroxybutyric acid into polyhydroxyalkanoic acids by axenic cultures in defined media. *FEMS microbiology letters*, *138*(2-3), 153-160.

Frigon, J. C., Breton, J., Bruneau, T., Moletta, R. & Guiot, S. R. (2009). The treatment of cheese whey wastewater by sequential anaerobic and aerobic steps in a single digester at pilot scale. *Bioresource technology*, *100*(18), 4156-4163.

Gárate, H. (2014). Biopolymer production by bacterial enrichment cultures using non-fermented substrates (Doctoral dissertation, TUDelf)

Gavala, H. N., Kopsinis, H., Skiadas, I. V., Stamatelatou, K. & Lyberatos, G. (1999). Treatment of dairy wastewater using an upflow anaerobic sludge blanket reactor. *Journal of agricultural engineering research*, *73*(1), 59-63.

Ghaly, A. E. & El-Taweel, A. A. (1997). Kinetic modelling of continuous production of ethanol from cheese whey. *Biomass and bioenergy*, *12*(6), 461-472.

García Y., Gonzalez C., Contreras J., Reynoso J.M., Gonzales O. & Córdova A., (2013), Síntesis y Biodegradación de Polihidroxialkanoatos: Plásticos de

Origen Microbiano. *Revista internacional de contaminación ambiental*, 29(1), 77–115.

Siso, M. G. (1996). The biotechnological utilization of cheese whey: a review. *Bioresource technology*, *57*(1), 1-11.

Guimarães, P. M., Teixeira, J. A. & Domingues, L. (2010). Fermentation of lactose to bio-ethanol by yeasts as part of integrated solutions for the valorisation of cheese whey. *Biotechnology advances*, *28*(3), 375-384.

Gutierrez, J. R., Encina, P. G. & Fdz-Polanco, F. (1991). Anaerobic treatment of cheese-production wastewater using a UASB reactor. *Bioresource technology*, *37*(3), 271-276.

Gumel, A. M., Annuar, M. S. M. & Chisti, Y. (2013). Recent advances in the production, recovery and applications of polyhydroxyalkanoates. *Journal of polymers and the environment*, *21*(2), 580-605.

Hawkes, F. R., Donnelly, T. & Anderson, G. K. (1995). Comparative performance of anaerobic digesters operating on ice-cream wastewater. *Water research*, *29*(2), 525-533.

Harding, K. G., Dennis, J. S., Von Blottnitz, H. & Harrison, S. T. L. (2007). Environmental analysis of plastic production processes: comparing petroleum-based polypropylene and polyethylene with biologically-based poly-β-hydroxybutyric acid using life cycle analysis. *Journal of biotechnology*, *130*(1), 57-66.

Horowitz, D., Metabolix, Inc., (2002). Methods for purifying polyhydroxyalkanoates. U.S. Patent 6,340,580.

Janarthanan O. M., Laycock B., Montano-Herrera L., Lu Y., Arcos-Hernandez M. V., Werker A. & Pratt S. (2016). Fluxes in PHA-storing microbial communities during enrichment and biopolymer accumulation processes. *New biotechnology*, 33(1), 61–72.

Johnson, K., Jiang, Y., Kleerebezem, R., Muyzer, G. & van Loosdrecht, M. C. (2009). Enrichment of a mixed bacterial culture with a high polyhydroxyalkanoate storage capacity. *Biomacromolecules*, *10*(4), 670-676.

Kalyuzhnyi, S. V., Martinez, E. P. & Martinez, J. R. (1997). Anaerobic treatment of high-strength cheese-whey wastewaters in laboratory and pilot UASB-reactors. *Bioresource technology*, *60*(1), 59-65.

Salehizadeh, H. & Van Loosdrecht, M. C. M. (2004). Production of polyhydroxyalkanoates by mixed culture: recent trends and biotechnological importance. *Biotechnology advances*, *22*(3), 261-279.

Kleerebezem R, & Van Loosdrecht MCM. (2007). Mixed culture biotechnology for bioenergy production. *Current opinion in biotechnology*, 18(3):207-212.

Khanna, S. & Srivastava, A. K. (2005). Recent advances in microbial polyhydroxyalkanoates. *Process biochemistry*, *40*(2), 607-619.

Kulpreecha S., Boonruangthavorn A., Meksiriporn B. & Thongchul N. (2009). Inexpensive fed-batch cultivation for high poly (3-hydroxybutyrate) production by a new isolate of *Bacillus megaterium*. *Journal of bioscience and bioengineering,* 107(3), 240-245.

Koller M., Hesse P., Bona R., Kutschera C., Atlić A. & Braunegg, G. (2007). Potential of various archae-and eubacterial strains as industrial polyhydroxyalkanoate producers from whey. *Macromolecular bioscience*, 7(2), 218-226.

Koller, M., Bona, R., Chiellini, E., Fernandes, E. G., Horvat, P., Kutschera, C. & Braunegg, G. (2008). Polyhydroxyalkanoate production from whey by *Pseudomonas hydrogenovora*. *Bioresource technology*, *99*(11), 4854-4863.

Koller M., Salerno A., Muhr A., Reiterer A., Chiellini E., Casella S. & Braunegg G. (2012). Whey Lactose as a Raw Material for Microbial Production of *Biodegradable polyesters*. Intech, 2, 19–60.

Kisaalita, W. S., Lo, K. V. & Pinder, K. L. (1990). Influence of whey protein on continuous acidogenic degradation of lactose. *Biotechnology and bioengineering*, *36*(6), 642-646.

Lagoa-Costa, B., Abubackar, H. N., Fernández-Romasanta, M., Kennes, C. & Veiga, M. C. (2017). Integrated bioconversion of syngas into bioethanol and biopolymers. *Bioresource technology, 239*, 244-249.

Laycock B., Halley P., Pratt S., Werker A. & Lant P. (2014). The chemomechanical properties of microbial polyhydroxyalkanoates. *Progress in polymer science, 39*(2), 397- 442.

Lopez-Vazquez, C. M., Oehmen A., Hooijmans C. M., Brdjanovic D., Gijzen H. J., Yuan Z. & Van Loosdrecht M. C. (2009). Modeling the PAO–GAO competition: effects of carbon source, pH and temperature. *Water research, 43*(2), 450-462.

Lee S., Middelberg A. & Lee Y. (1997). Poly(3-hydroxybutyrate) production from whey using recombinant *Escherichia coli. Biotechnology letters* 19: 1033.

Lee W. S., Chua A. S. M., Yeoh H. K. & Ngoh G. C. (2014). A review of the production and applications of waste-derived volatile fatty acids. *Chemical engineering journal,* 235, 83–99.

Lee D. J., Chen Y. Y., Show K. Y., Whiteley C. G. & Tay J. H. (2010). Advances in aerobic granule formation and granule stability in the course of storage and reactor operation. *Biotechnology advances, 28*(6), 919-934.

Malaspina, F., Cellamare, C. M., Stante, L. & Tilche, A. (1996). Anaerobic treatment of cheese whey with a downflow-upflow hybrid reactor. *Bioresource technology, 55*(2), 131-139.

Malaspina, F., Stante, L., Cellamare, C. M. & Tilche, A. (1995). Cheese whey and cheese factory wastewater treatment with a biological anaerobic-aerobic process. *Water science and technology, 32*(12), 59-72.

Martins, R. C., & Quinta-Ferreira, R. M. (2010). Final remediation of post-biological treated milk whey wastewater by ozone. *International journal of chemical reactor engineering, 8*(1).

Martínez-Sanz, M., Villano, M., Oliveira, C., Albuquerque, M. G., Majone, M., Reis, M. & Lagaron, J. M. (2014). Characterization of polyhydroxyalkanoates synthesized from microbial mixed cultures and of their nanobiocomposites with bacterial cellulose nanowhiskers. *New biotechnology*, *31*(4), 364-376.

Marwaha S. S. & Kennedy J. F. (1988), Whey pollution problem and potential utilization. *International journal of food science & technology*, 23: 323–336.

Mino T., Van Loosdrecht M. C. M. & Heijnen J. J. (1998). Microbiology and biochemistry of the enhanced biological phosphate removal process. *Water research*, *32*(11), 3193-3207.

Mollea C., Marmo L. & Bosco F. (2013). Valorisation of cheese whey, a by-product from the dairy industry. *Food industry*, 549–588.

Mockaitis, G., Ratusznei, S. M., Rodrigues, J. A., Zaiat, M. & Foresti, E. (2006). Anaerobic whey treatment by a stirred sequencing batch reactor (ASBR): effects of organic loading and supplemented alkalinity. *Journal of environmental management*, *79*(2), 198-206.

Nikodinovic-Runic, J., Guzik, M., Kenny, S. T., Babu, R., Werker, A. & O'Connor, K. E. (2013). Carbon-rich wastes as feedstocks for biodegradable polymer (polyhydroxyalkanoate) production using bacteria. *Advances in applied microbiology*, *84*, 139-200.

Nikel, P. I., de Almeida, A., Melillo, E. C., Galvagno, M. A. & Pettinari, M. J. (2006). New recombinant *Escherichia coli* strain tailored for the production of poly (3-hydroxybutyrate) from agroindustrial by-products. *Applied and environmental microbiology*, *72*(6), 3949-3954.

Obruca, S., Marova, I., Melusova, S. & Mravcova, L. (2011). Production of polyhydroxyalkanoates from cheese whey employing *Bacillus megaterium* CCM 2037. *Annals of microbiology*, *61*(4), 947-953.

Pardelha, F., Albuquerque, M. G., Reis, M. A., Dias, J. M. & Oliveira, R. (2012). Flux balance analysis of mixed microbial cultures: application to the production of polyhydroxyalkanoates from complex mixtures of volatile fatty acids. *Journal of biotechnology*, *162*(2), 336-345.

Pantazaki, A. A., Papaneophytou, C. P., Pritsa, A. G., Liakopoulou-Kyriakides, M. & Kyriakidis, D. A. (2009). Production of polyhydroxyalkanoates from whey by *Thermus thermophilus* HB8. *Process biochemistry, 44*(8), 847-853.

Panesar, P. S., Kennedy, J. F., Gandhi, D. N. & Bunko, K. (2007). Bioutilisation of whey for lactic acid production. *Food chemistry, 105*(1), 1-14.

Povolo, S., Toffano, P., Basaglia, M. & Casella, S. (2010). Polyhydroxyalkanoates production by engineered *Cupriavidus necator* from waste material containing lactose. *Bioresource technology, 101*(20), 7902-7907.

Philips, S., Keshavarz, T. & Roy, I. (2007). Polyhydroxyalkanoates: biodegradable polymers with a range of applications *Journal of chemical technology and biotechnology, 82*, 233-247.

Prazeres, A. R., Carvalho, F., & Rivas, J. (2013). Fenton-like application to pretreated cheese whey wastewater. *Journal of environmental management, 129*, 199-205.

Prazeres A. R., Carvalho F. & Rivas J. (2012). Cheese whey management: A review. *Journal of environmental management*, 110(2012), 48–68.

Plastics Europe market research group. An analysis of european plastics production, demand and waste data. http://bioplasticsinfo.com/economics-of-bioplastic/2014/.

Ramsay, J. A., Berger, E., Voyer, R., Chavarie, C., & Ramsay, B. A. (1994). Extraction of poly-3-hydroxybutyrate using chlorinated solvents. *Biotechnology techniques*, 8(8), 589-594.

Rivas, J., Prazeres, A. R., Carvalho, F. & Beltran, F. (2010). Treatment of cheese whey wastewater: combined coagulation-flocculation and aerobic biodegradation. *Journal of agricultural and food chemistry, 58*(13), 7871-7877.

Rivas, J., Prazeres, A. R. & Carvalho, F. (2011). Aerobic biodegradation of precoagulated cheese whey wastewater. *Journal of agricultural and food chemistry, 59*(6), 2511-2517.

Rhu, D. H., Lee, W. H., Kim, J. Y. & Choi, E. (2003). Polyhydroxyalkanoate (PHA) production from waste. *Water science and technology*, 48(8), 221-228.

Reis, M. A. M., Serafim, L. S., Lemos, P. C., Ramos, A. M., Aguiar, F. R. & Van Loosdrecht, M. C. M. (2003). Production of polyhydroxyalkanoates by mixed microbial cultures. *Bioprocess and biosystems engineering*, *25*(6), 377-385.

Reddy, C. S. K., Ghai, R., & Kalia, V. (2003). Polyhydroxyalkanoates: an overview. *Bioresource technology*, *87*(2), 137-146.

Reddy M. V. & Mohan S. V. (2012). Effect of substrate load and nutrients concentration on the polyhydroxyalkanoates (PHA) production using mixed consortia through wastewater treatment. *Bioresource technology*, *114*, 573-582.

Sayed, S., Van der Zanden, J., Wijffels, R. & Lettinga, G. (1988). Anaerobic degradation of the various fractions of slaughterhouse wastewater. *Biological wastes*, *23*(2), 117-142.

Serafim L. S., Lemos P. C., Albuquerque M. G. & Reis M. A. (2008). Strategies for PHA production by mixed cultures and renewable waste materials. *Applied microbiology and biotechnology*, *81*(4), 615-628.

Serafim L. S., Lemos P. C., Oliveira R. & Reis M. A. (2004). Optimization of polyhydroxybutyrate production by mixed cultures submitted to aerobic dynamic feeding conditions. *Biotechnology and bioengineering*, *87*(2), 145-160.

Silva, A. M. O. D. (2013). Production of polyhydroxyalkanoates from cheese whey-pH effect on the acidogenic fermentation stage and nutrient needs of the culture selection stage (Doctoral dissertation, Universidade NOVA).

Staniszewski, M., Kujawski, W. & Lewandowska, M. (2009). Semi-continuous ethanol production in bioreactor from whey with co-immobilized enzyme and yeast cells followed by pervaporative recovery of product–Kinetic model predictions considering glucose repression. *Journal of food engineering*, *91*(2), 240-249.

Siso M. G. (1996). The biotechnological utilization of cheese whey: a review. *Bioresource technology*, *57*(1), 1-11.

Sineiro Garcia, F., Gónzalez Laxe, F. & Santiso Blanco, J. A. (2005). La industria alimentaria en Galicia. *Instituto Estudios Económicos de Galicia. Fundación Pedro Barrié de la Maza.*

Saddoud, A., Hassaïri, I. & Sayadi, S. (2007). Anaerobic membrane reactor with phase separation for the treatment of cheese whey. *Bioresource technology*, *98*(11), 2102-2108.

Salehizadeh, H. & Van Loosdrecht, M. C. M. (2004). Production of polyhydroxyalkanoates by mixed culture: recent trends and biotechnological importance. *Biotechnology advances*, *22*(3), 261-279.

Serafim L. S., Lemos P. C., Oliveira R., & Reis M. A. M. (2004). Optimization of polyhydroxybutyrate production by mixed cultures submitted to aerobic dynamic feeding conditions. *Biotechnology and bioengineering*, 87(2), 145–160.

Serafim, L. S., Lemos, P. C., Albuquerque, M. G. & Reis, M. A. (2008). Strategies for PHA production by mixed cultures and renewable waste materials. *Applied microbiology and biotechnology*, *81*(4), 615-628.

Smith R, editor. (2005) Biodegradable polymers for industrial applications. CRC Press. Woodhead Publishing Limited.

Sudesh, K. (2013). Bio-Based and biodegradable polymers. In *Polyhydroxyalkanoates from palm oil: biodegradable plastics* (3-36). SpringerBriefs in Microbiology. Springer, Berlin, Heidelberg.

Shah A. A., Hasan F., Hameed A. & Ahmed S. (2008). Biological degradation of plastics: a comprehensive review. *Biotechnology advances*, *26*(3), 246-265.

Verlinden, R. A., Hill, D. J., Kenward, M. A., Williams, C. D. & Radecka, I. (2007). Bacterial synthesis of biodegradable polyhydroxyalkanoates. *Journal of applied microbiology*, *102*(6), 1437-1449.

Vymazal, J. (2014). Constructed wetlands for treatment of industrial wastewaters: a review. *Ecological engineering*, *73*, 724-751.

Vigneswaran, S., Sundaradivel, M. & Chaudhary, D. S. (2009). Sequencing batch reactors: principles, design/operation and case studies. *Wastewater treatment technologies-Volume II*, 24.

Volova T. G. (2004). *Polyhydroxyalkanoates-plastic materials of the 21st century: production, properties, applications*. Nova science publishers, Inc. New York

Wallen, L. L. & Rohwedder, W. K. (1974). Poly-β-hydroxyalkanoate from activated sludge. *Environmental science & technology*, 8(6), 576-579.

Wong, H. H., & Lee, S. Y. (1998). Poly-(3-hydroxybutyrate) production from whey by high-density cultivation of recombinant Escherichia coli. *Applied microbiology and biotechnology*, 50(1), 30-33.

Yang, K., Yu, Y. & Hwang, S. (2003). Selective optimization in thermophilic acidogenesis of cheese-whey wastewater to acetic and butyric acids: partial acidification and methanation. *Water research*, 37(10), 2467-2477.

Zafar, S. & Owais, M. (2006). Ethanol production from crude whey by Kluyveromyces marxianus. *Biochemical engineering journal*, 27(3), 295-298.

Zinn, M., Witholt, B. & Egli, T. (2001). Occurrence, synthesis and medical application of bacterial polyhydroxyalkanoate. *Advanced drug delivery reviews*, 53(1), 5-21.

Capítulo 2

Materiales y Métodos

2.1. Metodología analítica

A continuación, se detallan las diferentes metodologías analíticas usadas para el análisis de los diferentes parámetros de interés en este trabajo. Se adjuntan también las curvas de calibración para aquellos análisis que lo requieren.

2.1.1. Determinación de sólidos en suspensión totales y volátiles (SST y SSV)

La determinación de sólidos en suspensión totales y volátiles fue desarrollada de acuerdo a los métodos descritos en el "Standard Methods" (APHA, 2005). Donde un volumen conocido de muestra es filtrado al vacío utilizando filtro de fibra Whatman (con tamaño de poro 1.2 μm), previamente calcinado y secado a peso constante (P_0). El filtro con el residuo es secado a 110 °C a peso constante (P_1) y la diferencia entre P_1 y P_0 representa los sólidos en suspensión totales (SST). Posteriormente, los filtros se calcinan a 550 °C a peso constante (P_2) y la diferencia entre P_2 y el peso P_1 obtenido anteriormente representa los sólidos en suspensión volátiles (SSV). Cada medida fue desarrollada por triplicado. La fórmula descrita para la determinación es la siguiente:

$$SST = \frac{P_1 - P_0}{V_{muestra}} x\ 1000 \ ; \ SSV = \frac{P_1 - P_2}{V_{muestra}} x\ 1000$$

V muestra = ml

P_1= muestra seca en g

P_2= muestra incinerada en g

2.1.2. Determinación de amonio (NH_4^+).

Para la determinación de amonio en la muestra se utilizó el método basado en la reacción del NH_4^+ con hipoclorito y fenol en medio alcalino, donde se observa la formación de un complejo coloreado (azul de indofenol), la absorbancia refleja la concentración del complejo formado el cual es medido a 635 nm en un espectrofotómetro UV (Perkin Elmer Lambda 11 UV / VIS). Todas las determinaciones se realizaron por triplicado.

A su vez debido a la inestabilidad de los reactivos se preparó realizo semanalmente una curva de calibración, en el rango de 0 a 1.4mg N L^{-1} (Figura 2.1).

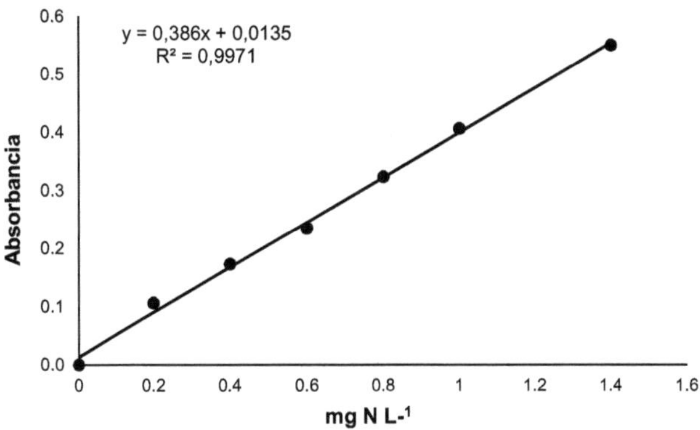

Figura 2.1 Calibrado de amonio por método espectrofotométrico.

2.1.3. Determinación de ácidos grasos volátiles (AGV)

La determinación de AGV se realizó por cromatografía liquida de alta resolución (HPLC), utilizando un cromatógrafo Hewlett Packard serie 1100 equipado con una columna Supercogel C-610H. La separación de los componentes en una muestra está basada en la exclusión por tamaño celular.

Como fase móvil se usó 0.1% H_3PO_4, con una velocidad de flujo de 0.5 ml min^{-1}. La temperatura del horno se fijó en 30 °C y el volumen de muestra inyectado fue de 10 µL. La detección de los ácidos grasos volátiles se llevó a cabo mediante la absorción de los componentes en la región ultravioleta (UV) a 210 nm. La identificación de cada AGV se realizó de acuerdo con sus tiempos de retención según se muestra en la Tabla 2.1.

La cuantificación de cada ácido graso se realizó mediante curvas de calibración construida en el rango de 0, 25, 250, 500, 1000, 1500, 2000, 2500 y 3000 ppm de concentración de estándares preparados manualmente, donde el equipo provee automáticamente la concentración de cada ácido en mg L^{-1}

Tabla 2.1 Tiempos de retención para los ácidos grasos volátiles.

AGV	HAc	HPr	HBut	HiVal	HVal
Tiempos de retencion (min)	20.65	24.95	31.02	37.09	46.58

2.1.4. Determinación de fosfatos (PO_4^{-3})

Para la determinación de fosfatos se utilizó un método colorimétrico, mediante el cual el fósforo de la muestra reacciona con una disolución de molibdato de amonio obteniéndose ácido molibdofosfórico, el cual es reducido con cloruro estañoso formando un complejo de color azul (azul de molibdeno), cuya absorbancia se determinó espectrofotométricamente a 690 nm (Perkin Elmer Lambda 11 UV / VIS). Cada determinación fue realizada por triplicado. Se realizaron curvas de calibración para las mediciones realizadas en los ensayos

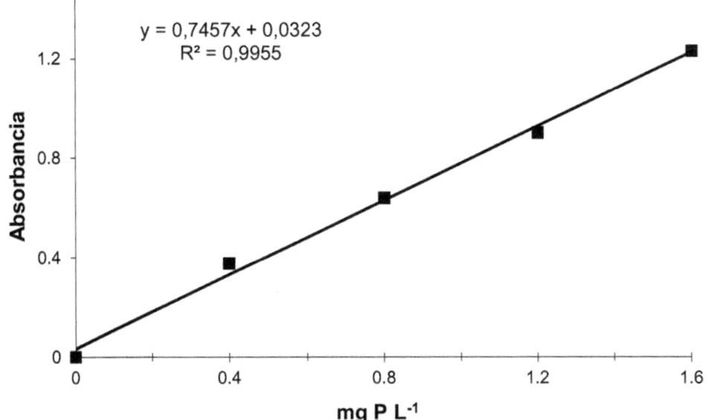

Figura 2.2 Curva de calibrado para la determinación de fosfato.

2.1.5. Determinación de la demanda química de oxígeno (DQO)

La demanda química de oxígeno se define como la cantidad de oxígeno necesario para la oxidación total de la materia orgánica presente en la muestra líquida. La determinación de este parámetro puede realizarse en la fase soluble o bien en la muestra bruta (total). Las medidas de DQO se llevaron a cabo siguiendo la metodología descrita en el "Standard Methods" (APHA, 2005). Las muestras fueron digeridas durante dos horas a 150 °C usando una solución de dicromato de potasio y ácido sulfúrico como oxidante, sulfato de plata como catalizador y sulfato de mercurio para remover las interferencias del ion cloruro. El exceso de dicromato es titulado usando sulfato amónico ferroso (FAS) de concentración conocida. Todas las determinaciones se realizaron por triplicado y en presencia de un blanco de digestión.

Los cálculos para obtener los valores de DQO en la muestra será:

$$DQO\left(\frac{mg}{L}\right) = \frac{(V_{FAS\,blanco} - V_{FAS\,muestra}) * N_{FAS} * 8000}{V_{muestra}}$$

$V_{FAS\,blanco}$= Volumen de FAS consumido en la muestra blanco

$V_{FAS\,muestra}$= Volumen de FAS consumido en la muestra

N_{FAS}= Normalidad del FAS

$V_{muestra}$= Volumen de muestra para la medición

2.1.6. Determinación de polihidroxialcanoatos (PHA)

Para la determinación de PHA, se utilizó un cromatografo de gases equipado con un detector de ionización de llama (FID), de acuerdo con el método propuesto por Braunegg *et al.,* (1978) and Comeau *et al.,* (1988) con ligeras modificaciones introducidas por Satoh *et al.,* (1992). El método consiste en la ruptura de las estructuras celulares, con la hidrolisis de las cadenas de PHA y posterior esterificación (metilación) de los monómeros obtenidos.

El procedimiento consiste en centrifugar 1.5 ml de una suspensión de células tomando luego la fase solida que se liofiliza. Posteriormente se resuspende en 1 ml de metanol acidificado (20% H_2SO_4), para luego adicionar a la mezcla 1 ml de cloroformo que contiene 0.8 g L^{-1} de patrón interno estándar (n-decano). El cloroformo no debe ser estabilizado con etanol debido a que se podrían etilar una pequeña parte de los monómeros interfiriendo en la medición. Seguidamente el medio es introducido dentro de un reactor a calor seco a 100 ºC durante tres horas y media en viales sellados. Después se debe enfriar y proceder a la extracción de los monómeros metilados, para lo cual se adicionan 0.5 ml de agua destilada y se agita la mezcla en un vórtex, favoreciendo el paso de dichos monómeros a la fase orgánica. Se recolecta la fase orgánica con la ayuda de una pipeta y luego se introduce en una cubeta de cromatografía que contiene filtros moleculares (Merk, con un diámetro de 0.3 nm) para la eliminación completa de agua. La muestra se analiza en un equipo de cromatografía de gases Thermo equipado con un detector de ionización de llama (FID). Como fase estacionaria se empleó una columna de 30 m de longitud SPB-1, y de diámetro externo de 0.25 mm. La temperatura del inyector y el detector se mantuvo a 220 ºC. Se estableció un programa de temperaturas comenzando a 40 ºC y, aumentando 30 ºC min^{-1} hasta 50 ºC durante 2 min, luego se aplicó una rampa de 8 ºC min^{-1} hasta los 160 ºC durante 7 min, y finalmente se aumentó la temperatura a 220 ºC con una rampa de 30 ºC min^{-1} permaneciendo a esta temperatura durante 7 min (tiempo total 32.08 min). El Helio fue usado como gas transportador a un flujo de 2ml min^{-1}. Se trabajó en modo splitless. La inyección fue desarrollada con un inyector automático AI 3000, con 1 µl de muestra. Para la preparación de la curva de calibración se usaron patrones estándares obtenidos a partir de una solución stock que contenían 3 mg ml^{-1} del polímero, sometidos a los mismos procedimientos de preparación las muestras que para determinar la concentración de los biopolímeros PHB y PHV en la muestra se usó el método de patrones externos con correcciones del patrón interno (n-decano). La curva de calibración se obtuvo de la relación directa entre el área del pico de cada monómero y el área del pico del patrón interno, y las relaciones de las respectivas concentraciones. (Figura 2.3). El PHA resultante se expresó en porcentaje de PHB y de PHV en biomasa.

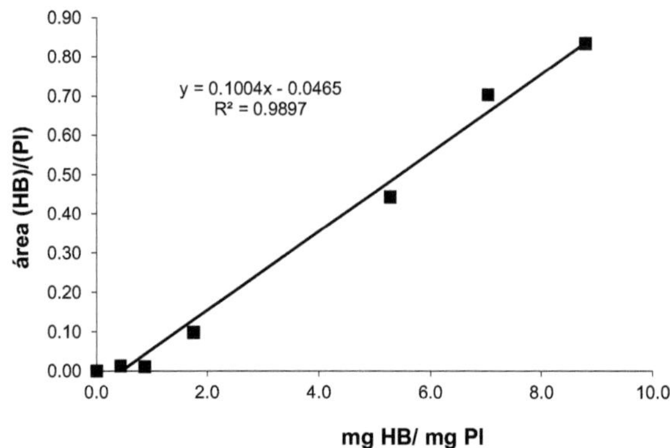

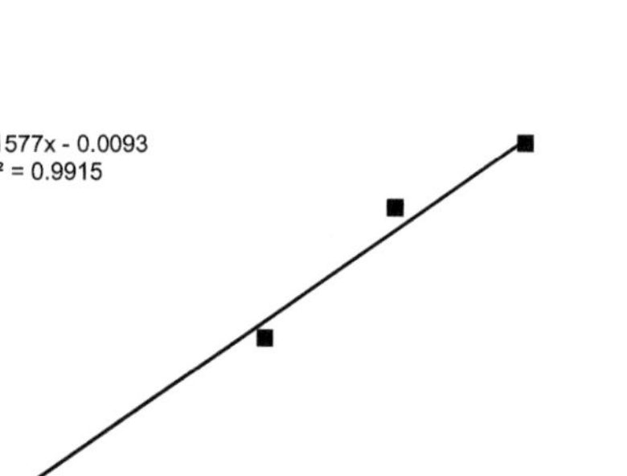

Figura 2.3 Calibrado de PHA por el método de patrón interno de a) mg HB/ mg PI, b) mg HV/ mgPI.

Los tiempos de retención para los monómeros obtenidos se observa en la tabla 2.2.

Tabla 2.2 Tiempos de retención para PHB and PHV.

Compuesto	PHB	PHV	PI
Tiempos de retención (min)	2.5	3.7	16.1

2.2. Métodos de operación

2.2.1. Reactor anaerobio secuencial (SBR): descripción

El inoculo utilizado se obtuvo de un lodo anaerobio de la industria cervecera que se introdujo dentro del reactor a razón de 6 g L^{-1} en el momento del arranque del sistema. La alimentación usada como influente en la primera fase de la acidogenesis fue suero lácteo permeado, previamente esterilizado para evitar variaciones en la acidificación en el contenido, se utilizó bombas peristálticas para la entrada y salida del suero (Figura 2.4).

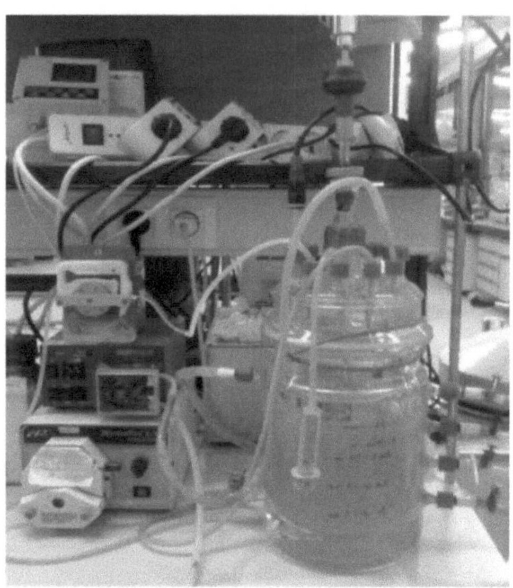

Figura 2.4 Reactor acidogénico en modo secuencial (SBR).

Para llevar a cabo la fermentación acidogénica se utilizó un reactor secuencial discontinuo (SBR). El SBR consistió en un reactor modelo Afora V-64253 operado bajo las condiciones descritas en la Tabla 2.3.

Tabla 2.3 Condiciones de operación del reactor anaerobio secuencial (SBR).

Condiciones de operación	
Volumen (L)	2
Temperatura (ºC)	30
TRH (d)	2
TRS (d)	4-6-10
pH	5- 5,5- 6
VCO (g $L^{-1}d^{-1}$)	2
Agitación (rpm)	140

El volumen de trabajo fue de 2 L. Se empleó un baño termostático Termotronic Selecta a 30 ºC. El pH dentro del reactor fue controlado mediante un electrodo Hamilton, Easyferm 325. El mantenimiento del pH se realizó mediante la adición por medio de una bomba peristáltica de NaOH 2M. El reactor estaba equipado con un motor de agitación Heidolph, modelo RZR1, acoplado a una varilla de agitación.

Se realizaron dos ciclos diarios de 12 horas en un día, desalojando 1 litro de suero acidificado. Cada ciclo constaba de las siguientes etapas, como se visualiza en la Tabla 2.4: 5 minutos de llenado, donde se adicionan 500 ml de suero, 11 horas y 15 minutos de reacción, 30 minutos de decantación y 10 minutos de vaciado de 500 ml de suero acidificado. Se emplearon tres temporizadores para el control de la alimentación, el tiempo de agitación, y el tiempo de vaciado.

Tabla 2.4 Programación de los ciclos desarrollados en un reactor SBR en el proceso de fermentación acidogénica.

Ciclos	1	2
Decantación	8:00 - 8:30	20:00 - 20:30
Vaciado	8:30 - 8:40	20:30 - 20:40
Llenado	8:40 - 8:45	20:40 - 20:45
Reacción y agitación	8:45 - 20:00	20:45 - 8:00

En la etapa de reacción y agitación, se realizó una purga manual, para mantener constante el tiempo de retención de solidos (TRS) en cada ensayo. Se realizó el lavado del reactor cada 15 días, para la remoción de la biopelícula formada en las paredes del reactor.

2.2.2. Reactor anaerobio de lodos en flujo ascendente (UASB)

Se utilizó un reactor UASB con un volumen de trabajo de 1 L, con un diámetro interno de 7 cm y una altura de 63 cm, tal como se muestra en la Figura 2.5. La puesta en marcha del reactor duró 60 días para llevar a cabo el proceso de fermentación del suero en las condiciones descritas en cada ensayo. La temperatura del reactor se mantuvo en los 30 °C en todo el período de experimentación. El suero se alimentó al reactor de forma continua una bomba peristáltica. El tiempo de retención de solidos se mantuvo en 4 días, para lo cual el flujo de alimentación se mantuvo constante y se fijó en 2.7 ml min^{-1}. El reactor se operó con recirculación, empleando una bomba peristáltica con un caudal de 52 ml min^{-1}, siendo la relación de caudales de recirculación/alimentación de 19.2.

Inicialmente el reactor se alimentó con suero diluido, y se aumentó posteriormente su concentración. La concentración de biomasa dentro del reactor se mantuvo entre 9 y 12 g L^{-1}.

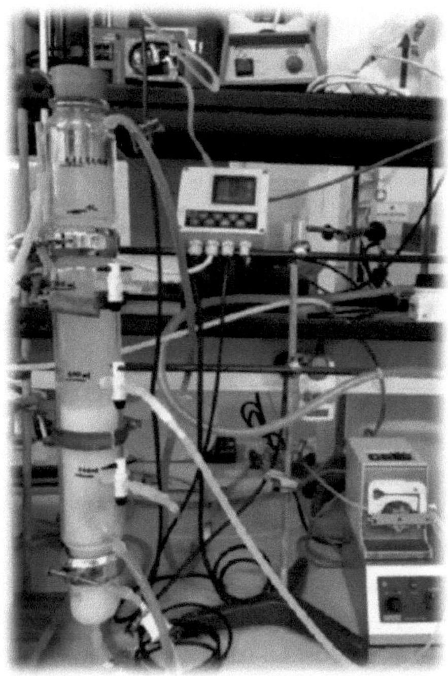

Figura 2.5 Reactor anaerobio de lodos en flujo ascendente (UASB).

2.2.3. Reactor aerobio secuencial (SBR) de microorganismos acumuladores de PHA

Se utilizó un el reactor modelo Afora V-63303 con volumen de trabajo de 1 L y se operó a una temperatura de 30 °C controlada mediante un baño termostático. El reactor estaba equipado con un agitador mecánico, utilizando una varilla de agitación acoplada a un motor modelo Heidolph RZR1. El flujo de oxígeno al reactor fue controlado mediante una válvula solenoide y controlado con un flujometro B. Braun Biotech. La concentración de oxígeno disuelto (OD) en el reactor se midió con una sonda Hamilton Oxiferm 225. El pH se midió con una sonda de electrodo Hamilton Easyferm plus 225, el volumen de adición y vaciado de sustrato se llevó a cabo mediante el uso de bombas peristálticas. (Figura 2.6).

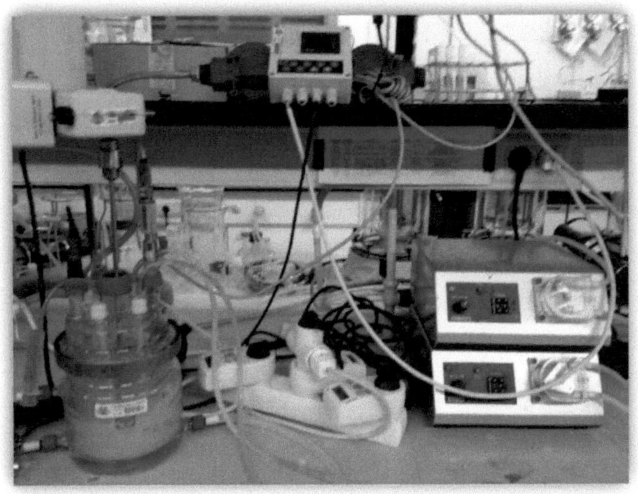

Figura 2.6 Reactor aerobio secuencial empleado en la fase de enriquecimiento de microrganismos acumuladores de PHA.

El reactor se operó en ciclos de 12 horas, consistiendo en: 5 minutos de alimentación, 11 horas de reacción con aeración y agitación, 30 minutos de decantación y 5 minutos de vaciado. según se muestra en la Tabla 2.5.

Tabla 2.5 Horario en las distintas fases de un ciclo en el reactor secuencial aerobio (SBR).

Ciclo	1	2
Decantación	8:00 – 8:30	20:00 – 20:30
Vaciado	8:30 – 8:35	20:30 – 20:35
Llenado	8:35 – 8:40	20:35 – 20:40
Aeración y agitación	8:40 – 20:00	20:40 – 8:00

El volumen de adición y vaciado de sustrato se llevó a cabo mediante el uso de bombas peristálticas. Las condiciones de operación del SBR están resumidas en la Tabla 2.6.

Tabla 2.6 Condiciones de operación del reactor de enriquecimiento de microorganismos acumuladores de PHA.

Parámetros	Valores
Volumen del reactor (L)	1
Temperatura (°C)	30
TRH (d)	1
TRS (d)	10
pH	No controlado
VCO (g L^{-1} d^{-1})	40
Flujo de oxígeno (L h^{-1})	75
Agitación (rpm)	140

Para mantener el TRS en 10 días a final de cada ciclo y durante 5 días a la semana se realizó una purga manual para eliminar parte de la biomasa. El reactor se lavó dos veces por semana, para eliminar la biopelícula adherida a las paredes del reactor.

Se empleó como inoculo un lodo aerobio procedente de un reactor operado con efluente procedente de la industria cervecera. El sustrato utilizado para el enriquecimiento y selección de bacterias acumuladoras de PHA fue suero fermentado procedente de la etapa anaerobia previa. En algunos casos y dependiendo de la concentración de ácidos grasos presentes en el efluente obtenida en la etapa de fermentación acidogénica fue necesario adicionar ácidos grasos sintéticos (ácidos acético, propiónico, butírico y valérico) para poder mantener la misma concentración de AGV durante todo el experimento.

Se adicionaron fuentes externas de macro y micronutrientes, tal como se muestra en la Tabla 2.7 y se mantuvieron constantes las concentraciones de amonio y fosfato. Se adicionó tiourea con el fin de inhibir el proceso de nitrificación y asegurar que el amonio presente en la alimentación fuese usado para crecimiento celular.

Tabla 2.7 Nutrientes adicionados a la alimentación.

Macronutrientes		Micronutrientes	
Composición	**Concentración**	**Composición**	**Concentración**
NH_4Cl	0,16 g L^{-1}	$FeCl_3.6H_2O$	1,5 g L^{-1}
KH_2PO_4	0,09 g L^{-1}	$CuSO_4.5H_2O$	0,03 g L^{-1}
		$CoCl_2.6H_2O$	0,15 g L^{-1}
		$MnCl_2.4H_2O$	0,12 g L^{-1}
		$ZnSO_4.7H_2O$	0,04 g L^{-1}
		$Na_2MoO_4.2H_2O$	0,06 g L^{-1}
		$KI\ H_3BO_3$	0,03 g L^{-1}

El reactor fue monitoreado semanalmente para determinar la capacidad de los microorganismos para consumir el sustrato y acumular polihidroxialcanoatos (PHA). Para ello se tomó una muestra al final del ciclo de *"famine""* (muestra bio), una muestra a tiempo cero (inmediatamente una vez comenzado el ciclo *"feast"*), y de ahí en adelante varias muestras a intervalos de tiempos regulares hasta el fin de la fase *"feast"* cuando se ha consumido todo el sustrato (AGV). En este seguimiento se han hecho las siguientes mediciones: concentraciones de AGV, de fosfato y de amonio, acumulación de PHA en la biomasa, concentración de biomasa en el reactor (SSV y SST) al inicio y al final de la fase de *"feast"*. Los métodos analíticos empleados han sido los mismos que los utilizados en la operación del reactor acidogénico. La medida de la concentración de oxígeno disuelto se realizó in situ utilizando una sonda de oxígeno Hamilton Oxiferm 225. El pH dentro del reactor fue monitoreado mediante una sonda de electrodo de pH Hamilton Easyferm plus 225 pH.

2.2.4. Reactor aerobio (fed-batch) de acumulación de PHA

Para determinar la capacidad acumuladora de PHA de los microorganismos existentes en el reactor de enriquecimiento se realizaron ensayos en fed-batch. Se tomaron 500 ml de la biomasa del reactor de enriquecimiento al final del ciclo *"famine"* inmediatamente antes de la fase de decantación. Se empleó un reactor de 1 L, manteniendo las mismas condiciones de operación que en el de enriquecimiento y operado a una temperatura de 30 ºC. La alimentación del reactor se realizó manualmente en forma de pulsos (50 Cmmol/L), y llevados a cabo hasta la saturación total de la biomasa en el reactor. Controlando el consumo de oxígeno a medida que se producía el consumo de la fuente de carbono y de los AGV. Para control de oxígeno se empleó una sonda Hamilton Oxiferm 225 que mide mg L^{-1} O$_2$. Los ensayos fueron realizados sin la adición de amonio y fósforo.

2.2.5. Extracción y purificación del Biopolímero.

Para la extracción del polímero de la biomasa, primeramente, se centrifuga y se separa el sobrenadante. El residuo se resuspende con acetona, se realizaron varios lavados para eliminar las impurezas. Seguidamente la biomasa se resuspende en cloroformo dentro de un recipiente de vidrio el cual es sellado y mantenido en agitación durante al menos 24 horas hasta que se produzca la lisis celular y disolver el biopolímero en el cloroformo. A continuación, la suspensión de cloroformo se filtra a través de un filtro con tamaño de poro 0.45 µm y dejado en una placa para evaporar el solvente, obteniendo una fina película de PHA (Figura 2.7).

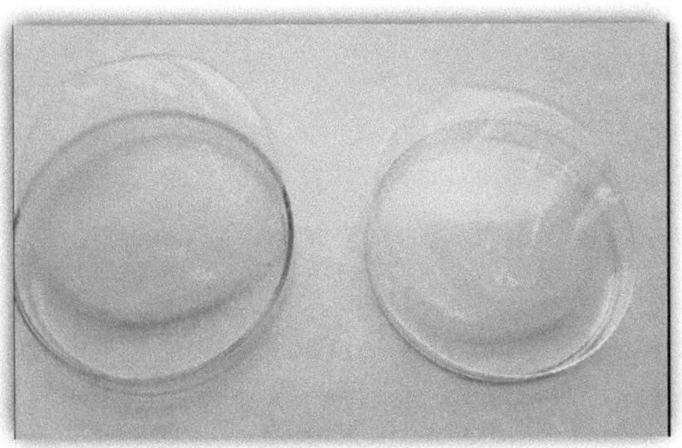

Figura 2.7 Película de PHA extraida de los microorganismos.

2.2.6. Observaciones microscópicas de rutina

A lo largo del desarrollo de los experimentos se realizaron observaciones de forma regular utilizando un microscopio Nikon Eclipse E400 (10x). Para observar la flora microbiana presente en el reactor SBR de enriquecimiento de microorganismos acumuladores de PHA (Figura 2.8).

Figura 2.8 Observaciones con microscopio de contraste de fase de los microorganismos presentes en el reactor aerobio SBR de enriquecimiento de microorganismos acumuladores de PHA.

2.3. Referencias

Federation, W. E. & American Public Health Association. (2005). Standard methods for the examination of water and wastewater. *American Public Health Association (APHA): Washington, DC, USA.*

Braunegg, G., Sonnleitner, B. Y. & Lafferty, R. M. (1978). A rapid gas chromatographic method for the determination of poly-β-hydroxybutyric acid in microbial biomass. *Applied microbiology and biotechnology, 6(1),* 29-37.

Comeau, Y., Hall, K. J. & Oldham, W. K. (1988). Determination of poly-β-hydroxybutyrate and poly-β-hydroxyvalerate in activated sludge by gas-liquid chromatography. *Applied and environmental microbiology, 54(9),* 2325-2327.

Majone, M., Ramadori, R. & Beccari, M. (1999). Biodegradable polymers from wastes by using activated sludges enriched by aerobic periodic feeding. In *AIDIC Conf Ser, (4),* 163-170.

Capítulo 3

Fermentación acidogénica del suero lácteo: Efecto del tipo de reactor y de la velocidad de carga orgánica (VCO)

3.1. Introducción

Cerca de 40 millones de toneladas de suero lácteo se producen cada año en el mundo de cuales más de la mitad son eliminadas sin un tratamiento apropiado en el medio ambiente (Leite *et al.*, 2000), causando destrucción del suelo, reducción de rendimientos en cultivos y serios problemas de contaminación en aguas subterráneas.

El suero lácteo (SL) es un subproducto de la industria láctea generado en la producción de queso. El SL permeado contiene algo más del 80 % de contenido en lactosa (Kisaalita *et al.*, 1990).

El tratamiento adecuado SL no solo ayuda a disminuir la contaminación (Prazeres *et al.*, 2012; Rajeshwari *et al.*, 2000) sino que mediante la optimización en el uso de residuos bajo tratamientos de valorización es posible recuperar subproductos empleando procesos tecnológicos como en el caso de la producción de biopolímeros. El tratamiento anaeróbico del permite obtener ácidos grasos volátiles, y es un proceso que no requiere ninguna suplementación de oxígeno, no se necesita añadir alcalinidad y la tendencia de acidificación es alta (Malaspina *et al.*, 1996).

Para mejorar la eficiencia en los procesos de fermentación acidogénica del SL es necesario determinar el efecto de varios parámetros, tales como la composición del SL, la temperatura, el pH, la VCO, tiempo, el retención de solidos (TRS), el tiempo de retención hidráulico (HRT), la relación entre el sustrato y la concentración de la biomasa (S/X) la configuración geométrica del reactor y por último, que estratégia de alimentación podría afectar a la operación del sistema anaerobio y, por consiguiente, al proceso de acidificación y la distribución de los ácidos grasos volátiles (AGV), (Diamantis *et al.*, 2014; Dinopoulou *et al.*, 1988).

La elección del reactor es importante para alcanzar altos rendimientos en el proceso de fermentación y producción de ácidos grasos volátiles. En este estudio se eligieron dos reactores, un reactor continuo y otro discontinuo.

En los reactores de lecho de lodo de flujo ascendente de manto de lodo (UASB) residuos líquidos son introducidos en el fondo del reactor, y fluyen a través del manto de lodo formado biológicamente (Lettinga *et al* 1980). El tratamiento ocurre cuando se ponen en contacto el agua residual en las partículas. Los reactores UASB son ampliamente aplicables para tratar diversos tipos de aguas residuales, en el caso del SL por su alto contenido orgánico (DQO) es necesario primero diluirlo para que se lleve a cabo el proceso de acidificación de forma apropiada. En general se ha sugerido una VCO de 6-7 g DQO $L^{-1}d^{-1}$ para conseguir un proceso de acidificación completa del suero (Gavala *et al.*, 1999).

Por otra parte, los reactores discontinuos secuenciales (SBR) operando bajo condiciones anaeróbicas, han sido estudiados extensivamente como alternativa a los sistemas continuos, debido a que la operación cíclica del mismo permite una mejor retención de sólidos biológicos y el control de proceso se hace más manejable. La desventaja principal encontrada con este tipo de reactores se encuentra en que el proceso de acidificación es óptimo solamente a bajas velocidades de carga orgánica (VCO).

El objetivo de este estudio es tratar de comparar la eficiencia de ambos reactores en la producción de AGV utilizando suero lácteo como sustrato y, establecer que VCO son adecuada para cada proceso y determinar el perfil de ácidos obtenido para cada uno de los reactores.

3.2. Materiales y métodos

3.2.1. El suero lácteo

El suero lácteo (SL) en este estudio fue obtenido de la industria de quesos INNOLACT S.L. localizada en Lugo (España). El suero lácteo fue tratado por ultrafiltración para obtener un permeado del suero con escaso residuo de grasas y proteínas. El SL para los ensayos fue refrigerado a temperatura de -20° C para evitar modificación de los componentes (lactosa principalmente). El suero lácteo presenta las siguientes características: pH de 6,88, una concentración de carga orgánica de entre 52,5 - 65 g DQO L^{-1}, una concentración de sólidos en suspensión volátiles (SSV) de 3,65 g L^{-1}. Una concentración de lactosa de 42 g

DQO L^{-1}, concentración de fosforo total de entre 0,9 a 1,7 mg L^{-1}, el total de concentración de amonio de109 mg L^{-1}. Antes de ser utilizado el suero se llevó a una cámara de descongelación a 4° C. Se añadió una solución de NaOH 1 M para mantener el pH estable dentro de los reactores.

3.2.2. Descripción y operación del reactor SBR

El reactor SBR utilizado fue de 2 L, y fue inoculado con lodo anaerobio proveniente de la industria cervecera. Durante el periodo de aclimatización el reactor fue alimentado con suero lácteo diluido hasta observar la acidificación. Se utilizaron bombas peristálticas para el proceso de llenado, vaciado y adición de álcali en el reactor.

El reactor se operó siguiendo dos ciclos por día que consistieron en: alimentación del reactor con SL diluido, reacción, sedimentación y remoción del suero fermentado. Las condiciones del digestor fueron: tiempo de retención de sólidos (TRS) de 6 días, el pH se estableció fijo en 5 utilizando un controlador de pH, a través de la adición de NaOH 1 M con una bomba de peristáltica. La reacción se mantuvo en agitación a 140 rpm y la temperatura a 30 °C, el tiempo de retención hidráulica (TRH) se mantuvo en dos días alimentando SL diluido con concentración de 4 g DQO L^{-1}. A lo largo del experimento la concentración del suero fue variando empleando concentraciones crecientes con el fin de establecer la velocidad de carga orgánica óptima.

El efluente correspondiente al suero fermentado fue retirado mediante una bomba peristáltica y recibido en un tanque refrigerado a 4°C. Se tomaron muestras dos veces a la semana diluida del SL, del interior del reactor, de la alimentación diluida del SL y del efluente, para monitorear la demanda química de oxígeno (DQO), los ácidos grasos volátiles (AGV), y otros posibles productos de la fermentación como etanol, amónio, fosfatos y sólidos volátiles en suspensión.

3.2.3. Descripción y operación del reactor UASB

Los experimentos se desarrollaron utilizando un reactor anaerobio de flujo ascendente (UASB) y fue operado durante 90 días. El reactor utilizado tenía un volumen de 1 L, un diámetro interno de 7 cm y 63 cm de áltura.

Las condiciones de operación en el reactor fueron las siguientes: la temperatura establecida fue de 30°C a lo largo de todo el experimento. El reactor fue continuamente alimentado con SL diluido usando una bomba peristáltica con velocidad variable. Inicialmente se alimentó suero diluido y sucesivamente la concentración se fue incrementándo paulatinamente (reduciendo la dilución). La biomasa dentro del reactor se mantuvo entre 9 y 12 g SSV L^{-1}.

El tiempo de retención de solidos (TRS) se mantuvo en 4 días. El flujo de alimentación estuvo en 2,7 ml min^{-1}, mientras que el flujo de recirculación se estableció en aproximadamente 52 ml min^{-1} durante todo el proceso, con una relación de flujo recirculación: alimentación de 19,2. El TRH se estableció en 6 h apróximadamente durante todo el experimento. La concentración de DQO en el influente se fue incrementando paulatinamente de 3,75 g DQO L^{-1} a 49,5 g DQO $L^{-1}d^{-1}$.

En una segunda parte del ensayo con el reactor UASB se varió el TRH para obtener variación en la VCO y se determinó la producción de AGV. La operación consistió en incrementar el TRH de 1 a 4 d manteniendo el pH controlado en 5, ajustado por la adición de NaOH 1 M.

El objetivo de este estudio fue determinar comparativamente en un reactor SBR y en un reactor UASB el efecto de la velocidad de carga orgánica para obtener el óptimo grado de acidificación y la distribución de AGV.

3.2.4. Métodos analíticos

Los sólidos en suspensión totales y volátiles (SST y SSV) y la demanda química de oxígeno (DQO) fueron medidos de acuerdo con el *"Standard Methods"* (APHA, 2005). Las concentraciones de amónio y fosfato fueron determinados por métodos colorimétricos.

La concentración de ácidos grasos volátiles (AGV) fue determinada por cromatografía liquida de alta resolución (HPLC), utilizando un cromatógrafo Hewlett Packard equipado con una columna supercogel C-610 con dos detectores en línea, uno de ultravioleta (UV) y un detector de índice refracción (RI), respectivamente, como fase móvil se usó ácido fosfórico al 0,1 % con un flujo de 0,5 ml min⁻¹. La columna se mantuvo a 30 °C. La longitud de onda para la detección se estableció en 210 nm. La concentración de AGV se calculó usando una curva de calibración con rangos entre 25 a 3000 mg L⁻¹. La concentración de AGV se presenta como la suma de los varios AGV individuales expresados como DQO L⁻¹ utilizando factores de conversión (Henze *et al.*, 1995). La concentración de lactosa fue determinada por el mismo método descrito para los AGV.

3.2.5. Cálculos

El grado de acidificación (GA) fue calculado convirtiendo cada AGV individual en DQO L⁻¹ y posteriormente sumando todos los AGV, en mgDQO L⁻¹, y dividiendo entre el influente soluble en DQO multiplicado por 100.

$$GA(\%) = \frac{AGV\,(mgDQO/L)}{DQO_{inf}\,(mg/L)} \times 100$$

El rendimiento de AGV (Y_{AGV} en gDQO gDQO⁻¹) fue calculado como la suma de AGV producidos dividido para la cantidad de sustrato consumido.

$$Y_{AGV} = \frac{AGV_{Efl} - AGV_{inf}}{\left(DQO_{inf} - AGV_{inf}\right) - \left(DQO_{efl} - AGV_{efl}\right)}$$

3.3. Resultados y discusión

Los resultados obtenidos utilizando dos reactores (SBR y UASB) y aplicando el cambio de la velocidad de carga orgánica (VCO) como única variable de estudio para la producción de ácidos grasos volátiles y mostraron algunas diferencias, En la Figura 3.1 (a) se observa que el incremento de la VCO en un proceso de fermentación acidogenica en un reactor secuencial discontinuo (SBR) muestra claramente un cambio en la distribución de ácidos grasos volátiles afectando principalmente a la producción de ácidos propiónico y butírico. Por otro lado, el aumento de la velocidad orgánica en un reactor continuo de flujo ascendente (UASB) tiene un efecto menor sobre la distribución de AGV Figura 3.2.

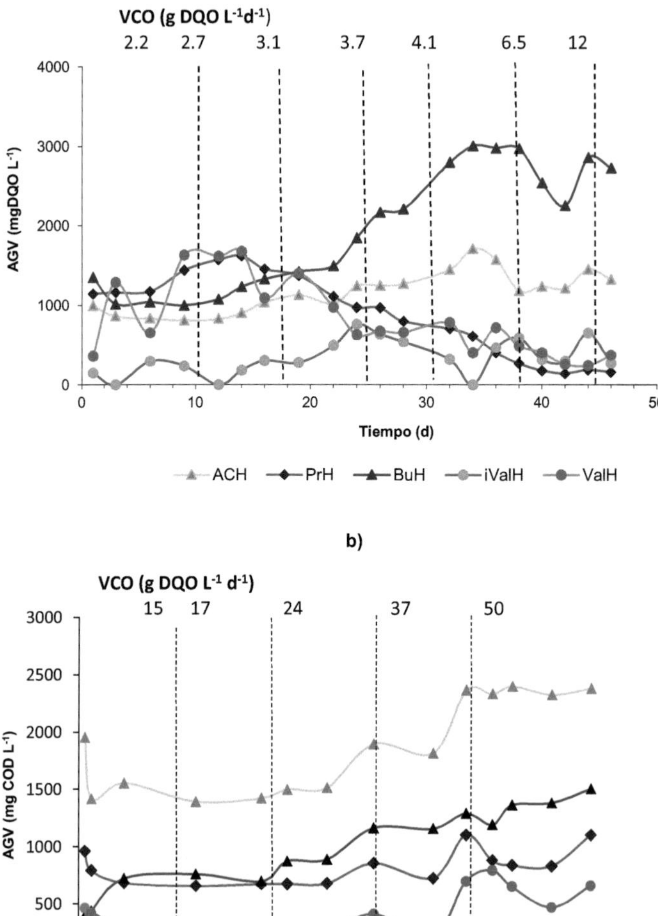

Figura 3.1 Formación de AGV en el tiempo de operación para cada reactor a) SBR b) UASB.

3.3.1. Desempeño del reactor anaerobio secuencial SBR en el proceso de fermentación del SL.

La variación en la velocidad de carga orgánica como variable de estudio en el SBR muestra que existe una relación entre el grado de acidificación en el suero lácteo (SL) y la producción y AGV con respecto al aumento de la VCO aplicada, donde se alcanza un grado de acidificación cercano a un 94 %, cuando la VCO es de solamente 2 g DQO $L^{-1}d^{-1}$. Luego del cual se produce una disminución que llega a un 65 % en el porcentaje de acidificación cuando la VCO alcanza los12 g DQO $L^{-1}d^{-1}$.

Con respecto a la producción y perfil de AGV producidos se observa que a VCO bajas de alrededor de 2.2 g DQO L^{-1} d^{-1} la proporción de ácidos grasos individuales: HAc, HPr, HBu HVa se encuentran en una relación de 22:28:28:22 respectivamente, casi todos en similar proporción según lo indicado en la Tabla 3.1. Al aplicar un aumento en la VCO se observa que el ácido propiónico sufre una disminución llegando a tener un 3 % cuando la VCO llega a 12 g DQO L^{-1} d^{-1}, mientras que el ácido butírico aumenta considerablemente a un 56 %. Manteniendo sin cambios notables el ácido acético con un ligero aumento de 22 % a un 27% y el ácido valerico que disminuye levemente de un 22 % a un 14 % con respecto al aumento de la VCO.   El cambio en la VCO afecta mayoritariamente la producción de propiónico y butírico.

Realizando un gráfico (Figura 4) de comparación del efecto de la VCO sobre la producción de ácido propiónico y butírico se obtiene una correlación negativa entre estos dos ácidos al incremento de la VCO. Este fenómeno ha sido descrito previamente por Cohen *et al.,* (1984) relacionando esta relación inversa probablemente debido al cambio de poblaciones de microorganismos por competición por el sustrato.

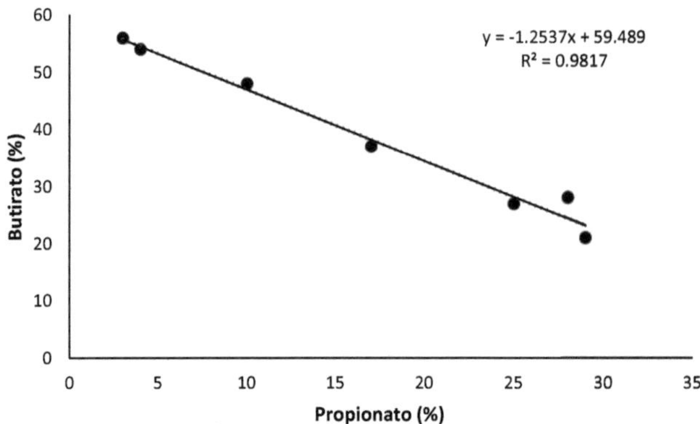

Figura 3.2 Relación entre el propionato (%) y butirato (%) producido al variar la VCO de 2.7 a 12 g DQO L^{-1} d^{-1} en el suero lácteo.

La relación entre sustrato y biomasa (S/X), dentro del reactor se encontró entre 0.8 a 1.1, algo superior al 0.5 considerado óptimo para el desarrollo de un proceso de fermentación acidogénica, según Bengtsson *et al.*, (2008) y Yang *et al.*, (2007), donde muestran que una relación S/X menor a 0.5 presenta una mejor retención de la biomasa mejorando el proceso acidogenico en forma más estable.   En este estudio no se pudo obtener mayores concentraciones de biomasa en el reactor debido a las condiciones propias aplicadas al sistema discontinuo del SBR. Debido a esto es probable que altas concentraciones del sustrato disminuye la eficiencia en la acidificación de materia por la interacción incompleta con la biomasa.

Tabla 3.1 Efecto de la velocidad de carga orgánica en la acidogénesis del SL en el SBR anaerobio.

VCO (gDQO L^{-1}d^{-1})	Influente DQO (g L^{-1})	Y$_{AGV}$ (gDQO gDQO^{-1})	AGV (mg DQO L^{-1})	GA %	AGV composición (%) HAc: HPr: HBu: HiVal: HVal
2.2	4.3	0.94	4.1	94	22: 28: 28: 4:18
2.7	5.4	0.98	5.3	98	16: 29: 21: 3: 31
3.1	6.2	0.85	5.3	85	20: 25 :27: 7: 21
3.7	7.4	0.74	5.5	75	23: 17: 37: 11: 12
4.1	8.2	0.71	5.9	73	27: 10: 48: 4: 11
6.5	6.5	0.75	4.9	76	26: 4: 54: 9: 7
12	5.9	0.63	4.8	65	27: 3: 56: 6: 8

La degradación de la lactosa en el SL fermentado se observó tomando como parámetros una VCO de 6 g DQO $L^{-1}d^{-1}$ con una biomasa de 4.9 g L^{-1} con un tiempo de retención hidráulico de 2 días. El consumo total de lactosa y la producción de AGV por acción de los microorganismos se llevó a cabo en 2 horas, con la formación de ácido butírico mayoritariamente.

La adición de álcali (NaOH) en el proceso garantizo la estabilidad del proceso acidogénico debido a una baja en el pH que es ocasionado una mayor producción de H_2 como consecuencia de la saturación de AGV en el reactor disminuyendo la capacidad reguladora que posee el mismo suero debido a la alcalinidad. El proceso de operación a bajo pH garantiza una disminución de gasto de operación debido a cantidad de álcali adicionado. En este ensayo se muestra que a bajas VCO el consumo de NaOH fue de 0.5 g $L^{-1}d^{-1}$ a un pH 5 incrementándose hasta un 2.5 g L^{-1} d^{-1} cuando la VCO alcanzo los 12 g DQO $L^{-1}d^{-1}$.

3.3.2. Desempeño del reactor de flujo acendente (UASB) en la acidogénesis del SL

El grado de acidificación y la generación de AGV en un reactor UASB muestra un comportamiento algo diferente al obtenido con el reactor secuencial SBR. Durante el tiempo de funcionamiento del reactor (90 d) al cual se aumentó la VCO desde 15 g DQO $L^{-1}d^{-1}$ hasta llegar a cerca de 50 g DQO $L^{-1}d^{-1}$ (SL sin dilución). Según lo observado en la Tabla 3.2 donde se muestra que la eficiencia del reactor es mayor a VCO cercano a 15 g DQO $L^{-1}d^{-1}$ siendo más eficiente en la acidificación que el SBR, llegando a un 97 % para luego ir decreciendo a un 43 % cuando se adiciono directamente SL sin diluir (50 g DQO $L^{-1}d^{-1}$).

Tabla 3.2 Efecto de la velocidad de carga orgánica en la acidificación del SL en un UASB.

VCO (g DQO L^{-1} d^{-1})	INFLUENTE DQO (mg L^{-1})	Y_{AGV} (g DQO gDQO^{-1})	AGV (mg DQO L^{-1})	GA %	Composición (%) HAc: HPr: HBu: HiVal: HVal
15.1	3.8	0.96	3.66	97	47: 24: 12: 8: 9
17.5	4.4	0.80	3.52	81	45: 19: 26: 2: 8
25.8	6.5	0.61	3.95	67	43: 20: 26: 3: 8
37.6	9.4	0.51	4.84	51	43: 19: 26: 4: 9
49.5	12.4	0.43	5.31	43	46: 16: 24: 2: 12

El perfil de AGV obtenido muestra un comportamiento similar al observado con el reactor secuencial discontinuo (SBR), disminuyendo la proporción de ácido propiónico a medida que aumenta la VCO de un 15 a un 49 g DQO L^{-1} d^{-1} con un 24 a un 15 % respectivamente del total de AGV, así mismo el ácido butírico se incrementa de un 12 a un 24% respondiendo al aumento de la VCO respectivamente, por último, el ácido acético ni valérico no muestra cambios significativos al aumento en la VCO.

La disminución en el grado de acidificación a VCO altas se debe principalmente a la cantidad de lactosa sin degradar y por la poca biomasa disponible que ejerza contacto con el sustrato disponible en el reactor.

El mejor desempeño del reactor UASB se muestra a VCO medias de 17 g DQO $L^{-1}d^{-1}$ donde la cantidad de lactosa sin degradar es casi nula en comparación a los AGV producidos. Posteriormente el aumento en la VCO ocasiona una disminución en el desempeño del reactor notándose mucha lactosa inalterada en el efluente de SL (Gavala *et al.*, 1999) tal como se muestra en el gráfico de la Figura 3.2.

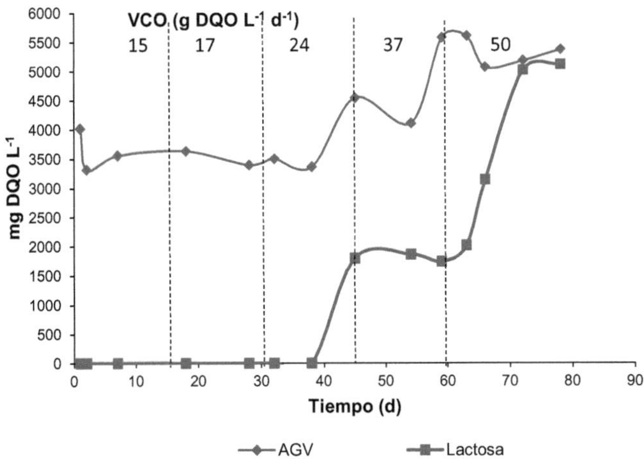

Figura 3.3 Efecto de la VCO en el consumo de lactosa y producción de AGV en reactor UASB.

Como en el caso anterior la adición de NaOH al reactor fue necesario para ajuste de pH generado por la formación de AGV produciendo presión por la saturación de H_2 en le procesos. El sistema se estabilizo en pH 5 tratando de mantener el pH más bajo para el desarrollo de la acidogénesis y evitar la formación de proceso de metanogénesis. La menor adición de álcali se verifico a menor VCO incrementándose a medida que se aumentaba la VCO en el reactor, de esta manera a menor VCO el gasto por adición de álcali es menor.

3.3.3. Efecto de tiempo de retención hidráulico (TRH) en el reactor UASB.

El efecto del TRH en el reactor UASB se realizó para corroborar el efecto que tiene la carga orgánica sobre el proceso de acidificación. Para esto se llevó a cabo la alimentación del reactor UASB con SL sin dilución y solo manteniendo constante la concentración del suero en niveles altos de 50 g DQO L⁻¹d⁻¹. Debido a que la disminución en el TRH acarrea mejor desempeño en un reactor y tiene una relación directa a la VCO mostrando un proceso con menores costes de producción sin afectar la eficiencia y desempeño del reactor. Para alcanzar altas productividades se realizó las pruebas con SL sin diluir y observando el comportamiento del reactor en referencia a la fermentación obtenida. Los resultados mostraron que un TRH de 4 días podría ser cercano al valor de VCO de 13 g DQO $L^{-1}d^{-1}$ según lo descrito en la Tabla 3.3.

Tabla 3.3 Efecto del TRH en el grado de acidificación del SL usando un reactor UASB.

VCO (gDQO L^{-1} d^{-1})	TRH (d)	GA (%)	Composición AGV (%)			
			AcH/AGV	HPr/AGV	HBu/AGV	HVal/AGV
49.1	1	52.5	47	22	20	11
24.9	2	54.3	48	23	19	10
16.6	3	64.0	47	21	21	11
12.7	4	76.5	48	21	20	11

El grado de acidificación alcanzado en estas condiciones llega a 77 % según lo observado en la Figura 3.3 luego del cual disminuye a 52 % cuando el TRH se reduce a un día correspondiente a una VCO de 50 g DQO $L^{-1}d^{-1}$, dejando mucha materia orgánica sin acidificar (lactosa). El perfil de AGV no experimenta variación significante produciéndose mayoritariamente ácido acético y en menor extensión propiónico y butírico.

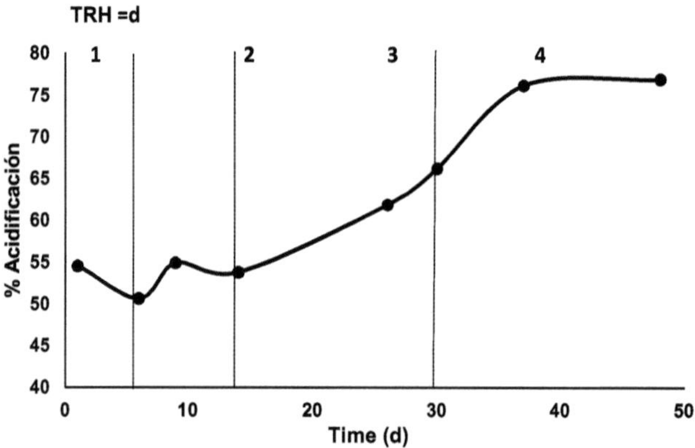

Figura 3.4. Efecto del TRH en el proceso de acidificación del SL usando un reactor UASB.

3.3.4. Comparación entre reactores UASB y A-SBR en la acidogénesis del SL

Aunque es difícil comparar el desempeño de ambos tipos de reactores por las características de funcionamiento de ambos que de por si constituyen una variable en el proceso de fermentación acidogénica, donde se compara un reactor en continuo (UASB) con otro discontinuo (SBR), es posible determinar cuál de ellos presenta mejor susceptibilidad para el proceso de fermentación anaerobia en un proceso productivo. En la Figura 3.4 se muestra el grado de acidificación y la generación de los AGV por cambios en la VCO en ambos reactores. Así se tiene que el reactor SBR tiene mejores características en el cambio de perfil AGV producidos por cambios en la VCO alcanzando una mejor acidificación (97%) a VCO muy bajas cercano a 3 g DQO $L^{-1}d^{-1}$, siendo muy poco productivo a cargas mayores, mientras que en el sistema continúo con reactores UASB puede soportar mayores VCO logrando mayor desempeño incluso usando el SL sin dilución (50 g DQO $L^{-1}d^{-1}$) (Kalyuzhnyi *et al.*, 1997). Esto hace que la producción de VFA mediante este tipo de reactor se realice con mejor desempeño con una acidificación de un 81 % a una VCO de 17 g DQO $L^{-1}d^{-1}$(Yu *et al.*, 2001).

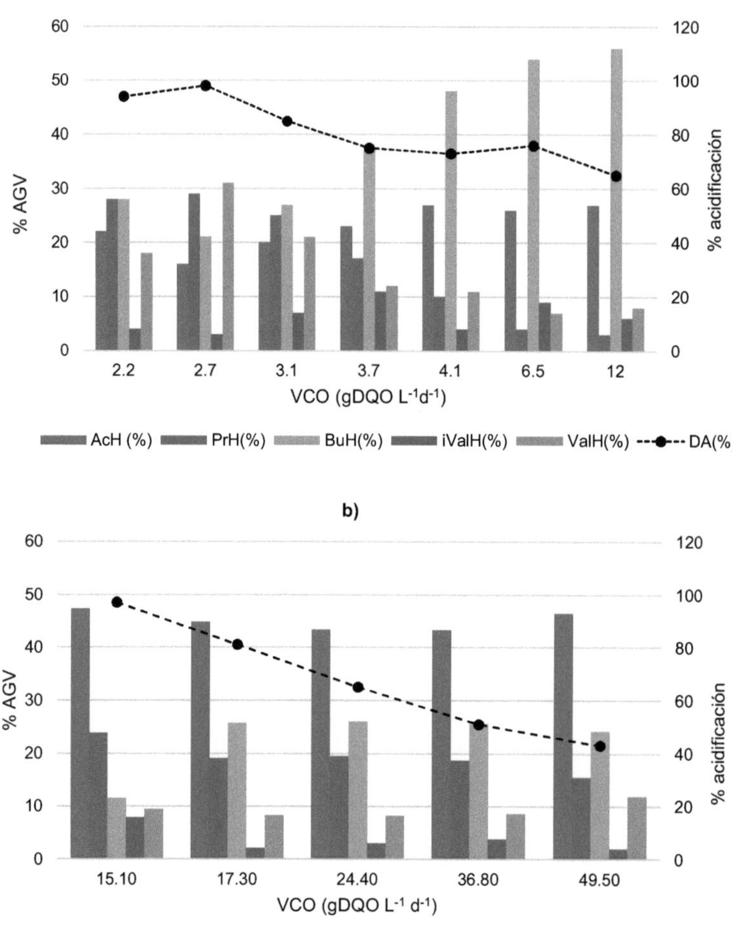

Figura 3.5 Relación entre los AGV generados y el porcentaje de acidificación por cambios en la VCO en a) reactor SBR anaerobio, b) reactor UASB.

A pesar de las variaciones en resultados obtenidos en ambos sistemas estudiados son notorio el efecto que VCO ejerce sobre la producción de ácido butírico en detrimento del ácido propiónico. Aunque esos cambios de distribución de ácidos se muestran mejor con el SBR. Y es donde se presenta la ventaja en el uso de reactores SBR obteniendo un mejor control de la calidad de AGV producidos en el efluente, sin necesidad de reciclado de sólidos y líquidos. (Zaiat *et al.*, 2001).

3.4. Conclusiones

La producción de AGV y el grado de acidificación es altamente dependiente de la velocidad de carga orgánica aplicada al sistema de fermentación acidogénica.

El reactor UASB desempeña mejor el proceso de acidificación a mayores VCO. Logrando una acidificación óptima hasta 17 g DQO $L^{-1}d^{-1}$.

La variación en la distribución de AGV con respecto al cambio en la VCO se produce más notoriamente con el reactor anaerobio secuencial (SBR) donde el aumento en la velocidad de carga orgánica ocasiona mayor producción de ácido butírico mientras que con el UASB el ácido acético se forma mayoritariamente a pesar de los cambios aplicados.

3.5.   Referencias

Bengtsson, S., Hallquist, J., Werker, A. & Welander, T. (2008). Acidogenic fermentation of industrial wastewaters: effects of chemostat retention time and pH on volatile fatty acids production. *Biochemical engineering journal*, *40*(3), 492-499.

Diamantis, V. I., Kapagiannidis, A. G., Ntougias, S., Tataki, V., Melidis, P. & Aivasidis, A. (2014). Two-stage CSTR–UASB digestion enables superior and alkali addition-free cheese whey treatment. *Biochemical engineering journal*, *84*, 45-52.

Dinopoulou, G., Rudd, T. & Lester, J. N. (1988). Anaerobic acidogenesis of a complex wastewater: I. The influence of operational parameters on reactor performance. *Biotechnology and bioengineering*, *31*(9), 958-968.

Gujer, W., Henze, M., Mino, T., Matsuo, T., Wentzel, M. C. & Marais, G. V. R. (1995). The activated sludge model No. 2: biological phosphorus removal. *Water science and technology*, *31*(2), 1-11.

Gavala, H. N., Kopsinis, H., Skiadas, I. V., Stamatelatou, K. & Lyberatos, G. (1999). Treatment of dairy wastewater using an upflow anaerobic sludge blanket reactor. *Journal of agricultural engineering research*, *73*(1), 59-63.

Sineiro Garcia, F., Gónzalez Laxe, F. & Santiso Blanco, J. A. (2005). La industria alimentaria en Galicia. *Instituto estudios económicos de Galicia. Fundación Pedro Barrié de la Maza*.

Kalyuzhnyi, S. V., Martinez, E. P. & Martinez, J. R. (1997). Anaerobic treatment of high-strength cheese-whey wastewaters in laboratory and pilot UASB-reactors. *Bioresource technology*, *60*(1), 59-65.

Kisaalita, W. S., Lo, K. V. & Pinder, K. L. (1990). Influence of whey protein on continuous acidogenic degradation of lactose. *Biotechnology and bioengineering*, *36*(6), 642-646.

Leite, A. R., Guimarães, W. V., Araújo, E. F. D. & Silva, D. O. (2000). Fermentation of sweet whey by recombinant Escherichia coli K011. *Brazilian journal of microbiology, 31*(3), 211-214.

Lettinga, G. A. F. M., Van Velsen, A. F. M., Hobma, S. W. De Zeeuw, W., & Klapwijk, A. (1980). Use of the upflow sludge blanket (USB) reactor concept for biological wastewater treatment, especially for anaerobic treatment. *Biotechnology and bioengineering, 22*(4), 699-734.

Malaspina, F., Cellamare, C. M., Stante, L. & Tilche, A. (1996). Anaerobic treatment of cheese whey with a downflow-upflow hybrid reactor. *Bioresource technology, 55*(2), 131-139.

Prazeres, A. R., Carvalho, F. & Rivas, J. (2012). Cheese whey management: A review. *Journal of environmental management, 110*, 48-68.

Rajeshwari, K. V., Balakrishnan, M., Kansal, A., Lata, K. & Kishore, V. V. N. (2000). State-of-the-art of anaerobic digestion technology for industrial wastewater treatment. *Renewable and sustainable energy reviews, 4*(2), 135-156.

Mu, Y., Yu, H. Q. & Wang, G. (2007). A kinetic approach to anaerobic hydrogen-producing process. *Water research, 41*(5), 1152-1160.

Yu, H. Q. & Fang, H. H. (2001). Acidification of mid-and high-strength dairy wastewaters. *Water research, 35*(15), 3697-3705.

Zaiat, M., Rodrigues, J. A. D., Ratusznei, S. M., De Camargo, E. F. M. & Borzani, W. (2001). Anaerobic sequencing batch reactors for wastewater treatment: a developing technology. *Applied microbiology and biotechnology, 55*(1), 29-35.

Capítulo 4

Fermentación acidogénica del Suero lácteo: Efecto del TRS y pH en un reactor anaerobio secuencial SBR

4.1. Introducción

El suero lácteo permeado es un sub-producto obtenido de la producción de quesos, al cual se le ha extraído la mayor cantidad de componentes grasos y proteicos del suero, formado mayoritariamente por lactosa que llega alcanzar hasta un 86 % de su contenido sobre el total de sólidos secos.

Debido a su alto contenido en lactosa, es un subproducto de fácil fermentación y útil para la obtención de ácidos grasos volátiles (AGV). El suero lácteo por lo tanto se constituye en un sustrato de bajo coste y alta disponibilidad por la cantidad producida en las industrias productoras de queso, donde muchas veces el tratamiento de eliminación es insuficiente convirtiéndose en un problema ambiental por las descargas inadecuadas y por el de costes asociados a la remediación. La importancia del SL en procesos de valorización radica en la disponibilidad de SL durante la mayor parte del año, asegurando que el proceso de producción de AGV sea un proceso estable y de continuo suministro para un proceso ulterior de producción de polihidroxialcanoatos (PHA) (Carvalho *et al.*, 2013).

La digestión anaerobia de residuos industriales y de aguas residuales con altas cargas orgánicas siguen los siguientes pasos: hidrolisis, acidogenésis, acetogénesis y metanogénesis. La producción de AGV se logra en los tres primeros pasos, siendo necesario crear condiciones para evitar la aparición de bacterias metanogénicas que transformarían toda la carga orgánica residual para formar metano y CO_2.

En términos generales se definen a los AGV a los ácidos grasos de cadenas cortas de entre 3 a 6 átomos de carbono (Lee *et al.*, 2014). Existen numerosas especies involucradas en el proceso de fermentación de compuesto orgánicos para producir AGV. Los AGV formados en un proceso de fermentación acidogénica son los ácidos acético, butírico, propiónico y valérico. Otros productos de fermentación que se producen concomitantemente con los AGV en los tres primeros pasos de la digestión anaerobia son los ácidos láctico, fórmico y etanol, entre otros.

Hasta el presente, la producción de AGV es generalmente llevada a cabo por procesos químicos industriales, sin embargo, el uso de compuestos del petróleo como materias primas y el incremento de los precios del petróleo han demandado la atención para el uso de fuentes alternativas utilizando procesos biotecnológicos para producir AGV de manera efectiva y sostenible evitando afectar las fuentes no renovables (Silva *et al.*, 2013). Por otro lado, la fermentación de residuos industriales y aguas residuales en AGV ayudaría a reducir la cantidad de desperdicios eliminados al medioambiente.

En los procesos biotecnológicos los AGV son importantes sustratos para la producción de polihidroxialcanoatos (PHA) mediante el uso de microorganismos mixtos. En los últimos años ha habido grandes avances en los procesos de conversión de AGV en biopolímeros. La fermentación acidogénica juega un rol decisivo para la producción de AGV como sustratos que sirven para la selección de microorganismos acumuladores de PHA en procesos ADF (alimentación dinámica aerobia), (Serafim *et al.*, 2014), y posteriormente producción de PHA. Es importante el control de perfil de AGV obtenido en el proceso de fermentación, debido a que la composición de PHA está directamente relacionado con la composición de AGV (Lee et al., 2014). Un suero lácteo fermentado con gran proporción de ácidos acético y butírico tiende a formar en mayor medida monómeros de hidroxibutirato, mientras que la presencia de los ácidos propiónico y valérico tiende a generar hidroxivalerato (HV) en el polímero. Teniendo en cuenta esto, se podría obtener un biopolímero con características físicas diferentes de acuerdo con la distribución de monómeros. Por ejemplo, la mayor cantidad de PHB (polihidroxibutirato) en el polímero lo vuelve duro y quebradizo, y la incorporación en menor o mayor grado de HV (polihidroxivalerato) le confiere propiedades más elásticas y flexibles al copolímero formado P(HB-co-HV).

Se han hecho grandes esfuerzos para maximizar la producción de AGV mediante biorreactores, explorando deferentes condiciones de operación en la fermentación anaerobia, como el tipo de reactor adecuado y modificando condiciones operacionales como temperatura (Yuan *et al.*, 2011), tiempo de retención de sólidos (TRS), tiempo de retención hidráulico (TRH) (Demirel *et al.*, 2004), velocidad de carga orgánica (VCO), pH (Yu and Fang, 2002), entre otras;

teniendo efectos directos en la concentración, rendimiento y composición de los AGV producidos (Demirel *et al.*, 2004, Xion, *et al.*, 2012, Bengtsson *et al.,* 2008).

El uso de reactores secuenciales discontinuos (SBR), por ejemplo, tienen la ventaja de asegurar y controlar mejor el proceso de producción de AGV, debido a su condición de operación por ciclos. La desventaja principal se encuentra en que se requiere trabajar con residuos orgánicos de bajas concentraciones DQO o en su defecto con diluciones de éstos y a bajas velocidades de carga orgánica, diferenciándose de los sistemas continuos donde soportan mayor carga en él reactor (Ruiz *et al.,* 2001, Zaiat *et al.*, 2001).

El control del pH en el proceso de fermentación acidogénica es muy importante debido a que evita la aparición de bacterias metanogénicas disminuyendo la producción de AGV. Se ha encontrado en la literatura que el pH óptimo para la producción de VFA se sitúa entre 5 y 8, dependiendo del tipo de sustrato (Horiuchi *et al.,* 1999, 2002).

El control del tiempo de retención de solidos (TRS) es un parámetro que permite establecer el tiempo de permanencia de la biomasa en el reactor controlando de cierta manera la composición de la población bacteriana presente y por lo tanto condicionando el metabolismo generado por consumo de sustrato, dando lugar a una determinada concentración y distribución de AGV (Yuang *et al.*, 2009; Feng *et al.,2009;* Lee *et al.*, 2014). Se ha llegado a establecer que TRS cortos son beneficiosos para la producción de AGV, previniendo la aparición o el dominio de bacterias metanogénicas.

El efecto del pH y del TRS se ha estudiado hasta hoy en su mayoría con sustratos sintéticos (lactosa), existiendo muy pocos estudios sobre el efecto de éstos en la fermentación de suero lácteo en biorreactores (Gouveia *et al.*, 2017).

El propósito de este trabajo consiste en determinar el efecto del SRT y del pH sobre la acidificacion de suero lacteo para la produccion de AGV, el perfil de AGV bajo diferentes condiciones, así como el grado de acidificacion alcanzado según las variables aplicadas.

4.2. Materiales y métodos

4.2.1. El suero lácteo (SL)

El suero lácteo permeado usado en este estudio fue obtenido de la planta de fabricación de quesos INNOLACT SL, localizado en Lugo (España). El contenido de DQO encontrado se halló en el intervalo de 58 -63 g DQO L^{-1}, con un contenido promedio de lactosa de 82 % p/p, otras características están resumidas en la Tabla 4.1.

Previo a ser utilizado en los ensayos, el SL fue diluido a un contenido de 4 g DQO L^{-1}. El pH del suero diluido fue ajustado con NaOH 1M para mantener los valores deseados, luego fue mantenido refrigerado a 4 °C. Se adicionó una solución que contenía fosfato y amonio para mantener fijo la relación molar C:N:P en 100:3:1 dentro del reactor.

Tabla 4.1 Característica del suero lácteo permeado.

Parámetros	
DQO (g L^{-1})	58- 63
SST (g L^{-1})	3,8 -4,1
SSV (g L^{-1})	3,4- 3,63
pH	4,5-5,8
Lactosa (g L^{-1})	51-54
Proteínas (g L^{-1})	0.14
N-NH$_4^+$ (mg L^{-1})	12,4- 13,3
P-PO$_4^{-3}$ (mg L^{-1})	0,34 -0,43

4.2.2. Operación del reactor

El proceso de fermentación acidogénica se llevó a cabo mediante el uso de un reactor discontinuo secuencial (SBR) con un volumen de trabajo de 2 L y operado bajo condiciones anaerobias. El reactor operó en base a 4 ciclos: llenado, reacción con agitación decantación y vaciado. Se utilizaron bombas peristálticas para el proceso de llenado, vaciado y en la adición de álcali necesario para mantener el pH ajustado. El reactor se inoculó con lodo proveniente de una planta de tratamiento anaerobio de aguas residuales de una industria cervecera y posteriormente aclimatizado con suero lácteo. Durante el periodo de arranque el reactor tuvo que operar a bajas concentraciones del influente hasta que se produjo la acidificación en el sustrato.

El pH fue controlado mediante una sonda de control de pH conectada a una bomba de suministro de álcali (NaOH 1M). El tiempo de retención hidráulico (TRH) se fijó en 2 días, la temperatura en 30 °C y la agitación en 140 rpm.

En la fase de decantación del ciclo SBR, 0.5 L del volumen de trabajo fueron desalojados del reactor y recolectados en un recipiente a 4 °C. Así mismo, se realizaron purgas diarias del reactor para mantener el TRS establecido para cada ensayo. Se tomaron muestras dos veces por semana del SL a la entrada del reactor, del interior del reactor y del suero fermentado recolectado para monitorear los sólidos en suspensión totales y volátiles (SST, SSV), la demanda química de oxígeno (DQO), amonio, fosfato, ácidos grasos volátiles (AGV), y otros productos de fermentación como etanol, ácidos láctico y fórmico.

Para el estudio del efecto del TRS se mantuvo el tiempo en 4, 6 y 10 días manteniendo fijo otros parámetros incluido el pH. Posteriormente se estudió para cada TRS el efecto del pH, manteniéndolo en 5, 5,5 y 6, así mismo manteniendo fijo las otras variables.

4.2.3. Procedimientos analíticos

Para la determinación de sólidos en suspensión totales y volátiles (SST, SSV) y DQO se utilizaron los métodos descritos en el *"Standard Methods"* (APHA, 2005). Para la determinación de las concentraciones amonio y fosfato se utilizaron métodos colorimétricos.

Los ácidos grasos volátiles (acético, propiónico, butírico i-valérico y n-valérico) fueron determinados por cromatografía liquida de alta resolución (HPLC) usando un cromatógrafo Hewlett Packard equipado con una columna supercogel C-610 H y dos detectores conectados en línea, una ultravioleta (UV) y otro detector de índice refracción (RI), utilizando como fase móvil ácido fosfórico al 0.1 %, a un flujo de 0.5 ml min^{-1}. La columna se mantuvo a 30 °C. la longitud de onda para la detección fue establecida en 210 nm. La concentración de AGV se calculó usando curvas de calibración de 25 a 3000 mg L^{-1}. La concentración de AGV resultó de la suma de los ácidos presentes, expresados en DQO L^{-1} usando factores de conversión (Henze *et al.*, 1995). La concentración de la lactosa se determinó usando el método por HPLC descrito anteriormente.

4.2.4. Cálculos

El porcentaje del grado de acidificación (GA) se calculó mediante la conversón de cada AGV individual a mg DQO L^{-1} (resultado de la suma del total de AGV) y dividiendo entre el influente soluble en mg DQO L^{-1} y multiplicado por 100.

$$GA(\%) = \frac{AGV(mgDQO/L)}{DQO_{inf}(mgDQO/L)} \times 100$$

El rendimiento de AGV (Y$_{AGV}$ en gDQO.g DQO^{-1} se determinó como la suma de AGV producidos dividido entre la cantidad de sustrato consumido

$$Y_{AGV} = \frac{AGV_{Efl} - AGV_{inf}}{\left(DQO_{inf} - AGV_{inf}\right) - \left(DQO_{efl} - AGV_{efl}\right)}$$

4.3. Resultados y discusión
4.3.1. Efecto del pH en la acidificación del suero lácteo a distinto TRS

En la Tabla 4.2 se observa el efecto del pH sobre la acidificación del suero lácteo a diferentes tiempos de retención de sólidos. Se observa que cuando el TRS se encontró en 4 d, el cambio de pH de 5 a 6 escasamente hizo efecto en el porcentaje de acidificación disminuyendo solamente de un 76 a un 72 %. Este decrecimiento en la acidificación del SL por aumento del pH se mantuvo a TRS de 6 días con una variación en la acidificación de 84 a 75 %, respectivamente. Contrariamente a lo esperado se obtuvo que a TRS de 10 d con el aumento de pH de 5 a 6 el GA se incrementó de un 73 a un 85 %. Notándose un efecto mixto derivado al cambio del TRS y de pH.

Tabla 4.2 Efecto del TRS y del pH en la fermentación acidogénica del SL.

TRS (d)	pH	AGV (mgDQOL^{-1})	GA (%)	Y_{AGV} (mg DQO mgDQO^{-1})
4	6	5801	72	0,92
4	5,5	5783	72	0,96
4	5	6343	76	0,97
6	6	6324	75	0,89
6	5,5	6777	87	0,92
6	5	7698	84	0,98
10	6	6637	85	0,97
10	5,5	5863	72	0,96
10	5	6347	73	0,97

En la Figura 4.1 se ilustra la variación del perfil de AGV con los cambios de pH a distintos TRS aplicados. En el primer ensayo realizado a 4 d de TRS el incremento de pH de 5 a 6 provocó un incremento en el porcentaje de ácido acético y propiónico de un 31 a 46 % y de 13 a 24 %, respectivamente, así como una disminución de los ácidos butírico y valérico de 32 a 21 % y de 12 a 9%, respectivamente. La misma tendencia se mantuvo cuando se realizó el mismo ensayo a TRS de 6 y 10 d.

Estos resultados han sido corroborados por otros investigadores en estudios con suero lácteo usado como sustrato (Bengtsson *et al.*, 2008), utilizando un reactor continuo CSTR (*continuous stirred-tank reactors*) con un tiempo de retención de 48 h; notándose que el incremento de pH de 5,25 a 6 favorecía la producción de ácido propiónico disminuyendo la producción de ácido butírico.

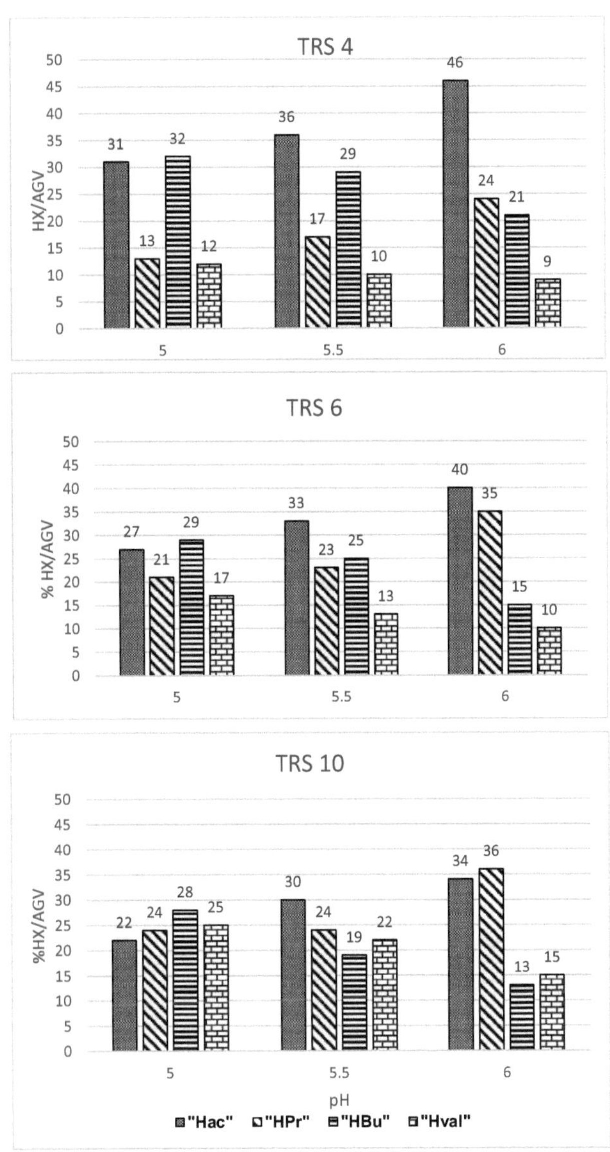

Figura 4.1 Efecto del pH a distintos TRS aplicados en la producción de AGV.

Probablemente la explicación estaría determinada por la presencia de poblaciones microbianas diversas que dependen del pH para ejercer su metabolismo y producción de AGV.

De acuerdo con estos resultados, se tiene que con el aumento del pH en el reactor se favorece la producción de AGV de cadena más corta, independientemente el TRS aplicado, teniendo al pH un factor determinante en la selectiva generación de AGV.

La adición de álcali en el reactor juega un papel importante en el proceso de acidificación, debido a la producción de H_2 que se produce concomitantemente con la generación de AGV, produciendo una disminución del pH. El mantenimiento del reactor a pH mínimos con alta productividad de AGV no solo mejora el rendimiento sino la economía del proceso. La adición de NaOH se relaciona con la estabilización del pH a las condiciones impuestas para cada caso estudiado. Así a pH 5 el consumo de álcali en el reactor fue de alrededor de 1.1 g L^{-1} de NaOH mientras que a pH 6 fue de 2.3 g L^{-1} de NaOH. Como resultado de esto, y con condiciones adecuadas se llegó a obtener rendimientos de 0.9 (Y_{VFA}) con respecto al sustrato (mg DQO mg DQO^{-1}), mejorando la productividad en el sistema.

4.3.2. Efecto del TRS en la acidificación del suero lácteo estudiados a distintos pH

El efecto del tiempo de retención de sólidos en la fermentación acidogénica del suero lácteo fue estudiado a 4, 6 y 10 d, cada uno de los cuales fue sometido a cambios de pH en 5, 5.5 y 6. Los resultados se muestran en la Figura 4.2.

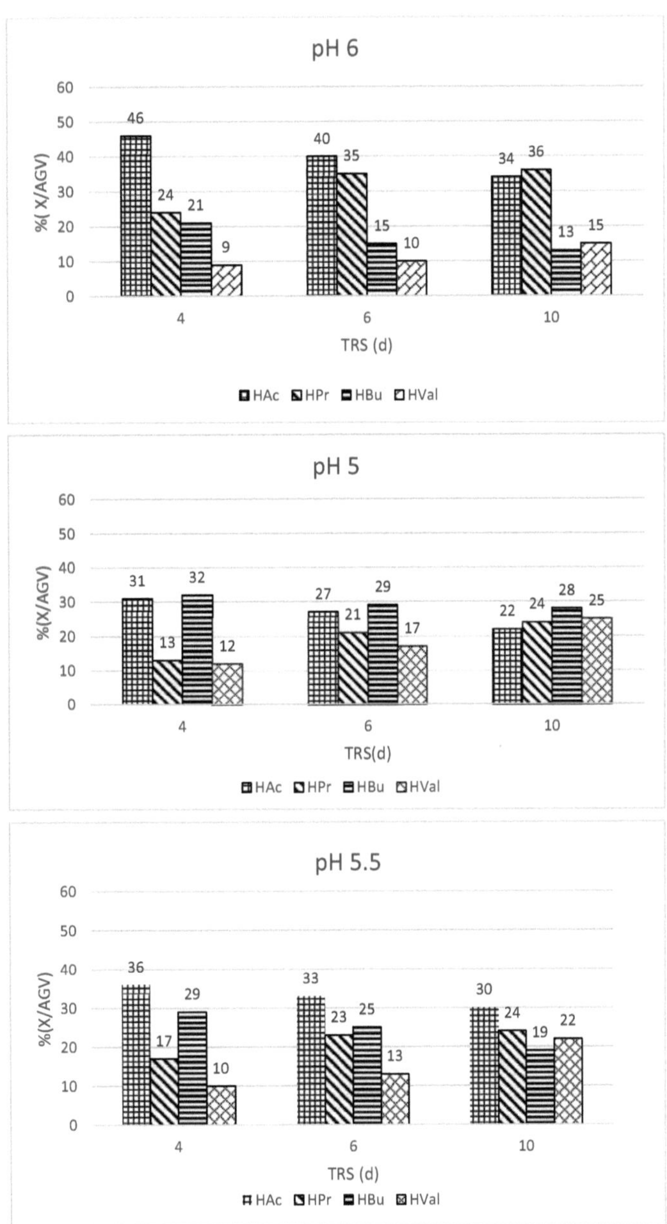

Figura 4.2 Efecto del TRS en el suero lácteo sometido a cambios de pH para la producción de AGV.

Según esto se observa que el incremento de TRS de 4 a 10 d, ocasionó una disminución en el porcentaje de los ácidos de cadena par como los ácidos acético y butírico, y un aumento de la cadena impar de carbono como los ácidos propiónico y valérico del total de AGV, independiente del cambio de pH aplicado a cada tiempo de retención. Por ejemplo, el cambio de TRS de 4 a 10 d a pH 6 los ácidos acético y butírico disminuyeron en 46 a 34 % y de 21 a 13 %, respectivamente, el mismo comportamiento se verifica a pH 5,5 y 5 como se muestra en la Figura 4.2. Así mismo los ácidos propiónico y valérico a pH 6 aumentan de un 24 a 36% y de 9 a 15%, respectivamente, observando la misma tendencia a pH 5,5 y 6 según lo observado.

El efecto del incremento del TSR favorece a carbonos de cadena impar de AGV (ácidos propiónico y valérico) y provoca disminución de los ácidos de cadena par como el acético y butírico. Este efecto fue observado por Bengtsson *et al.* (2008) con un reactor en continuo (CSTR) utilizando SL como sustrato al variar los tiempos de retención de 8 a 95 h, donde se observó que la composición de HAc:HPr:HBu del suero fermentado cambiaba de 45:29:17 a 33:61:2, respectivamente (calculado en % en base del total de AGV). Yuang *et al.* (2009) también notaron este efecto, pero con residuo de lodo activado donde el aumento en los TRS de 5 a 10 d provocaba la disminución del porcentaje de ácido acético de un 66 a un 49% y el incremento de ácido propiónico de un 16 a un 18 %. Sin embargo, Feng *et al.* (2009) observó lo contrario usando lodo activado donde el aumento de TRS de 4 a 16 d provocaba un aumento de ácido acético de un 32 a 42% y una disminución de ácido propiónico de un 24 a un 14 %.

Este comportamiento de variación en la proporción de ácidos debido al cambio en los TRS podría estar relacionado con cambios en las poblaciones mixtas microbianas y posiblemente a un efecto del incremento de producción de H_2 durante el proceso de acidogénesis.

4.3.3. Cinética del consumo de sustrato y producción de ácidos grasos volátiles

El estudio cinético en la degradación del contenido de lactosa en el SL y de acumulación de ácidos grasos volátiles se realizó en condiciones fijas de pH 5 y de TRS de 6 d.

La velocidad de producción especifica de AGV (q_{AGV}) estuvo en relación directa al consumo del sustrato (lactosa) en el reactor, siguiendo el modelo de Michaelis Menten según la fórmula siguiente:

$$q_{AGV} = \frac{q_{AGVmax}S}{K_{AGV}+S} \tag{1}$$

Donde q_{AGVmax}, representa la velocidad especifica máxima de producción de AGV, y K_{AGV}, es la constante de velocidad media en la concentración de AGV. los resultados fueron de 0.19 g DQO. g SVS^{-1}h^{-1} para q_{AGVmax} y 0.26 g DQO L^{-1} para la K_{VFA}. Teniendo en cuenta que la biomasa (SVS) en el reactor fue de 4.9 g L^{-1} para este ensayo (Figura 4.3 a).

a)

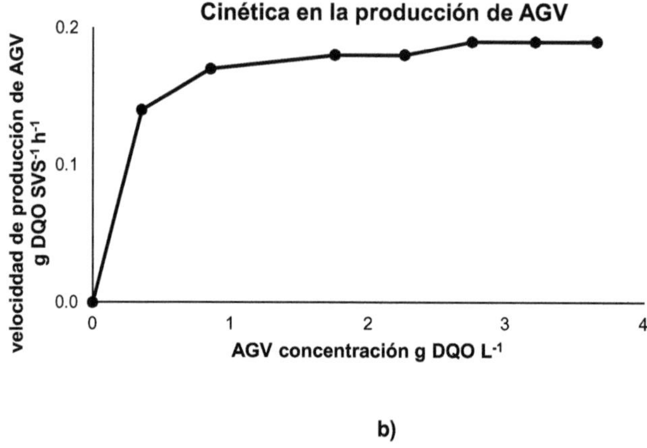

b)

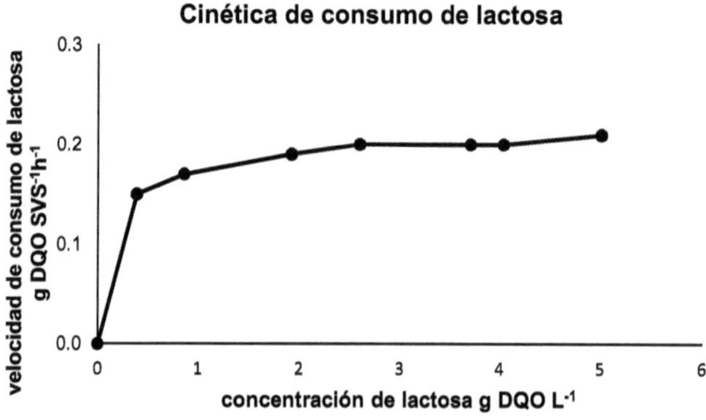

Figura 4.3 a) Relación entre la velocidad de producción de AGV y la concentración de AGV en el reactor y b) Relación entre la velocidad de consumo de lactosa y la concentración de lactosa en el reactor.

De manera similar se usó el modelo de Michaelis-Menten para el consumo del contenido de lactosa en el suero lácteo, donde se encontró que la velocidad de consumo q_s obtuvo un valor de 0,22 g DQO g SVS^{-1} h^{-1} y una K_s de 0,37 g DQO L^{-1} (Figura 4.3 b).

$$q_S = \frac{q_{smax}S}{K_s+S} \tag{2}$$

La velocidad de consumo de lactosa y producción de AGV en un reactor secuencial discontinuo (SBR) mostró una eficiencia comparable con otros tipos de sistemas de reactores. De la literatura se pudo apreciar que los reactores continuos como el CSRT o de flujo ascendente han obtenido mejores resultados, según lo observado en la Tabla 4.3. (Fang *et al.*, 2001; Kissalita *et al.*, 1989). Donde los resultados encontrados muestran que el tipo de reactor, el sistema aplicado (continuo o discontinuo) y la población microbiana presente, incide en la cinética de la acidogénesis del suero lácteo.

Tabla 4.3 Cinéticas de consumo de la lactosa empleando distintos tipos de reactores.

Sustrato	Reactor	pH	q_s (gDQO gSVS^{-1} h^{-1})	K_s (gDQO L^{-1})	q_{VFA} (gDQO gSVS^{-1} h^{-1})	K_{VFA} (gDQO L^{-1})	Referencia
Lactosa	Flujo ascendente	5,5	0,18	1,97	0,03	0,94	Fang *et al.* (2001)
Lactosa (SL)	CSTR	6	1,02	0,98	-	-	Bengtsson *et al.* (2008)
Lactosa	CSTR	6	0,06	0,08	-	-	Kissalita *et al.* (1989)
Lactosa (SL)	SBR	5	0,22	0,37	0,19	0,26	Este trabajo

Aunque Bengtsson *et al.* (2008) obtuvo altas velocidades de conversión en sistemas continuos de fermentación, con velocidades máximas específicas de conversión del sustrato de 1,02 g DQO g VSS^{-1}h^{-1}, esto no ha sido reproducido por otros investigadores utilizando el mismo sistema. Así, por ejemplo, Kissalita *et al.*, (1989) mostró resultados distintos y mucho más bajos rendimientos que los obtenidos por Bengtsson con solo 0,06 g DQO g VSS^{-1}h^{-1}.

La explicación estaría dada en la retención de la biomasa aplicada al reactor la cual podría afectar a la velocidad especifica de conversión del sustrato causando una pobre tasa de crecimiento bacteriano, y por consiguiente afecta a la concentración de la biomasa dentro del reactor. Una aproximación al modelo y diseño de procesos podrían ser determinados en base a las constantes cinéticas de los procesos de fermentación acidogénica del suero lácteo.

4.4. Conclusiones

El suero lácteo permeado presenta grandes cualidades para la obtención de AGV por la fácil degradabilidad de su contenido orgánico.

Adecuando condiciones de pH y TRS se puede predecir la composición de AGV que se requiere para futuros procesos biotecnológicos.

El control de pH conduce la posibilidad de seleccionar una producción selectivo de AGV en el reactor. Así al disminuir el cambio de pH de 6 a 5 disminuye la concentración de ácido acético y propiónico mientras que produce un aumento en la concentración de butírico y valérico en el total de AGV producido.

Los TRS más largos tiende a favorecer los AGV de cadena impar mientras que desfavorecen la producción de ácidos de cadena par como el acético y butírico.

El reactor discontinuo secuencial anaerobio (SBR), es un reactor que permite controlar la distribución de AGV en un proceso acidogénico.

4.5. Referencias

Bengtsson, S., Hallquist, J., Werker, A. & Welander, T. (2008). Acidogenic fermentation of industrial wastewaters: effects of chemostat retention time and pH on volatile fatty acids production. *Biochemical engineering Journal*, *40*(3), 492-499.

Carvalho, F., Prazeres, A. R. & Rivas, J. (2013). Cheese whey wastewater: characterization and treatment. *Science of the total environment*, *445*, 385-396.

Demirel, B. & Yenigun, O. (2004). Anaerobic acidogenesis of dairy wastewater: the effects of variations in hydraulic retention time with no pH control. *Journal of chemical technology and biotechnology*, *79*(7), 755-760.

Demirel, B., Yenigun, O. & Onay, T. T. (2005). Anaerobic treatment of dairy wastewaters: a review. *Process biochemistry*, *40*(8), 2583-2595.

Cohen, A., Van Gemert, J. M., Zoetemeyer, R. J., & Breure, A. M. (1984). Main characteristics and stoichiometric aspects of acidogenesis of soluble carbohydrate containing wastewaters. *Process Biochemistry*, *19*(6), 228-232.

Fang, H. H. & Yu, H. Q. (2001). Acidification of lactose in wastewater. *Journal of environmental engineering*, *127*(9), 825-831.

Feng, L., Wang, H., Chen, Y. & Wang, Q. (2009). Effect of solids retention time and temperature on waste activated sludge hydrolysis and short-chain fatty acids accumulation under alkaline conditions in continuous-flow reactors. *Bioresource technology*, *100*(1), 44-49.

Gouveia, A. R., Freitas, E. B., Galinha, C. F., Carvalho, G., Duque, A. F. & Reis, M. A. (2017). Dynamic change of pH in acidogenic fermentation of cheese whey towards polyhydroxyalkanoates production: Impact on performance and microbial population. *New biotechnology*, *37*, 108-116.

Kissalita, W. S., Lo, K. V. & Pinder, K. L. (1989). Kinetics of whey–lactose acidogenesis. *Biotechnology and bioengineering*, *33*(5), 623-630.

Eilersen, A. M., Henze, M. & Kløft, L. (1995). Effect of volatile fatty acids and trimethylamine on denitrification in activated sludge. *Water research*, *29*(5), 1259-1266.

Horiuchi, J. I., Shimizu, T., Tada, K., Kanno, T. & Kobayashi, M. (2002). Selective production of organic acids in anaerobic acid reactor by pH control. *Bioresource technology*, *82*(3), 209-213.

Horiuchi, J. I., Shimizu, T., Kanno, T. & Kobayashi, M. (1999). Dynamic behavior in response to pH shift during anaerobic acidogenesis with a chemostat culture. *Biotechnology techniques*, *13*(3), 155-157.

Lee, W. S., Chua, A. S. M., Yeoh, H. K. & Ngoh, G. C. (2014). A review of the production and applications of waste-derived volatile fatty acids. *Chemical engineering journal*, *235*, 83-99.

Miron, Y., Zeeman, G., Van Lier, J. B. & Lettinga, G. (2000). The role of sludge retention time in the hydrolysis and acidification of lipids, carbohydrates and proteins during digestion of primary sludge in CSTR systems. *Water research*, *34*(5), 1705-1713.

Ruiz, C., Torrijos, M., Sousbie, P., Martinez, J. L. & Moletta, R. (2001). The anaerobic SBR process: basic principles for design and automation. *Water science and technology*, *43*(3), 201-208.

Silva, F. C., Serafim, L. S., Nadais, H., Arroja, L. & Capela, I. (2013). Acidogenic fermentation towards valorisation of organic waste streams into volatile fatty acids. *Chemical and biochemical engineering quarterly*, *27*(4), 467-476.

Yu, H. Q. & Fang, H. H. P. (2002). Acidogenesis of dairy wastewater at various pH levels. *Water science and technology*, *45*(10), 201-206.

Yu, H. Q., Fang, H. H. & Gu, G. W. (2002). Comparative performance of mesophilic and thermophilic acidogenic upflow reactors. *Process biochemistry*, *38*(3), 447-454.

Yuan, Q., Sparling, R. & Oleszkiewicz, J. A. (2009). Waste activated sludge fermentation: effect of solids retention time and biomass concentration. *Water research, 43*(20), 5180-5186.

Xiong, H., Chen, J., Wang, H. & Shi, H. (2012). Influences of volatile solid concentration, temperature and solid retention time for the hydrolysis of waste activated sludge to recover volatile fatty acids. *Bioresource technology, 119*, 285-292.

Zaiat, M., Rodrigues, J. A. D., Ratusznei, S. M., De Camargo, E. F. M. & Borzani, W. (2001). Anaerobic sequencing batch reactors for wastewater treatment: a developing technology. *Applied microbiology and biotechnology, 55*(1), 29-35.

Producción de polihidroxialcanoatos a partir de ácidos grasos volátiles del suero lácteo fermentado

5.1. Introducción

La producción de quesos genera grandes cantidades de suero lácteo (SL) en los procesos de producción de queso, del requesón y en los lavados de los equipos. Una fábrica de quesos promedio en Europa genera 500 m^3 de aguas residuales diariamente, siendo el suero lácteo el principal contaminante (Frigon *et al.*, 2009). El alto contenido en materia orgánica y el importante volumen de suero generado en el proceso (Carvalho *et al.*, 2013) si se vierte directamente al medioambiente constituye un grave problema ambiental. Por otro lado, teniendo en cuenta su contenido nutricional (proteínas, lactosa etc.) convendría valorizarlo para la obtención de subproductos con alto valor en el mercado.

La utilización del suero fermentado para la producción de biopolímeros podría contribuir a disminuir el consumo de polímeros sintéticos basados en la industria petroquímica. Es conocido que la acumulación de plásticos sintéticos acarrea graves problemas medioambientales. A pesar de los todavía altos costes de producción de polihidroxialcanoatos, su producción podría constituir una alternativa a largo plazo a los plásticos derivados del petróleo si se consigue mejorar las tecnologías disponibles (Chanprateep, 2010).

Entre los numerosos tipos de biopolímeros que se conocen y se producen hoy en día, los PHA se consideran candidatos ideales para convertirse en alternativas a los plásticos convencionales, debido a su biodegradabilidad, al ser obtenido con microorganismos y con algunas plantas, y debido a su sostenibilidad porque se pueden obtener a partir de fuentes de carbono disponibles, a partir de productos de desecho. Los PHA son gránulos intracelulares producidos y almacenadas por ciertas bacterias en su interior, que cumplen funciones de reserva de energía para procesos metabólicos requeridos en ausencia de nutrientes.

Los procesos de producción de PHA por cultivos mixtos empleando residuos como sustrato son comúnmente operados en tres fases: una fase de fermentación acidogénica en donde el sustrato se convierte en AGV, una segunda fase de enriquecimiento y selección de cultivos mixtos acumuladores de PHA, y la última fase de producción de PHA (Días *et al.*, 2006).

La selección y producción de PHA por cultivos mixtos se pueden obtener por diferentes productos de fermentación como por ejemplo el glicerol, etanol o bien el ácido láctico. Sin embargo, a partir del suero lácteo, los ácidos grasos volátiles (AGV) son los sustratos más adecuados debido a la predilección de los cultivos mixtos para utilizarlos en la biosíntesis de PHA. Los ácidos grasos volátiles son ácidos grasos de menos de 6 átomos de carbono y los constituyen los ácidos acético, propiónico, butírico y valérico.

Los AGV se obtienen en un proceso de digestión anaerobia. La composición de los AGV va a determinan la composición del PHA obtenido en la fase aerobia, por lo tanto, es de suma importancia el control de los parámetros de operación durante el proceso de fermentación.

Los principales parámetros que pueden influir sobre el proceso de fermentación: el tipo de reactor utilizado, el modo de operación (continuo o discontinuo) la temperatura, el pH, la velocidad de carga orgánica aplicada, el tiempo de retención hidráulico, el tiempo de retención de sólidos (Poh y Chong, 2009).

En en este estudio el objetivo principal fue determinar el efecto del tiempo de retención de sólidos sobre la composición de AGV en el suero fermentado e investigar como la composición de los AGV influía en la composición de los PHA producidos empleando un cultivo mixto de microorganismos, y al mismo tiempo se determinó la máxima capacidad de los microorganismos para acumular PHA.

Características del suero lácteo permeado

El suero lácteo permeado es el suero al que se le ha separado la grasa y las proteínas. Presenta un alto contenido en lactosa y muy baja concentración de nutrientes. En la Tabla 5.1 se muestran algunas características obtenidas en la literatura (Van den Berg y Kennedy, 1983), y en el suero lácteo utilizado en este estudio.

DQO (mg L^{-1})	Lactosa (mg L^{-1})	SST (mg L^{-1})	SSV (mg L^{-1})	Nitrógeno total (mg L^{-1})	Amónio (mg L^{-1})	Fósfatos (mg L^{-1})	pH
61000*	-	1780	1560	980	-	510	-
57900**	47,68	1250	1050	667	115,6	429,8	6,7

* Van den Berg L., y Kennedy K.J., (1983)
** Este estudio. Enero, 2015.

El interés en la reutilización del SL como fuente de carbono en los procesos de producción de PHA radica en su alto contenido en lactosa, pudiendo alcanzar hasta el 80 % del contenido orgánico total. Actualmente gran parte del suero lácteo producido es eliminado en las plantas de tratamientos de aguas residuales o, en el peor de lo casos, eliminándolo directamente al medio ambiente.

5.2. Materiales y métodos

5.2.1. Preparación del suero lácteo

El suero lácteo empleado en este estudio se obtuvo de la industria quesera INNOLACT S.L. localizada en Lugo (España). El SL tiene un alto contenido en lactosa (82 % p/p del SL). El SL se diluyo para obtener una carga orgánica de obtener 5 g DQO L^{-1}. El pH se ajustó a 5 con una solución de NaOH 1M. El SL se mantuvo refrigerado a 4 °C previamente a su utilización. Se adicionaron también NH_4Cl y PO_4H_2K como nutrientes para obtener una relación molar de C.N:P 100:3:1.

5.2.2. El sistema experimental

5.2.2.1. Fermentación acidogénica del SL

La fermentación acidogénica del SL se llevó a cabo en un reactor anaerobio discontinuo secuencial (SBR) con un volumen de trabajo de 2 L. La temperatura del reactor se mantuvo en los 30°C. El inóculo utilizado provenía de una planta de tratamiento de aguas residuales de una industria cervecera. Se emplearon bombas peristálticas para realizar la alimentación del reactor. El TRH se ajustó en dos días. Para el control de pH se utilizó una sonda de pH que controlaba mediante una bomba peristáltica la adición de NaOH 1 M. La velocidad de carga orgánica aplicada fue de 4 g COD $L^{-1}d^{-1}$. La agitación en el reactor se fijó en 140 rpm. El sistema SBR funcionó con dos ciclos por día con 4 fases: llenado, reacción con agitación, decantación y vaciado.

El SL fermentado fue recolectado al final del ciclo en un tanque refrigerado a 4 °C. Se tomaron muestras dos veces por semana del suero alimentado al reactor y del suero fermentado, para determinar la DQO, los SST y SSV, la concentración de AGV y otros productos de fermentación como el etanol, el ácido fórmico y el láctico.

En este reactor se estudió el efecto del tiempo de retención de sólidos (TRS), de 4, 6 y 10 d, sobre el perfil de ácidos grasos volátiles y sobre el grado de acidificación.

5.2.2.2.   Reactor SBR para la etapa de selección de cultivos mixtos

Para la etapa de enriquecimiento de cultivos mixtos con capacidad de acumulación de PHA, se utilizó un reactor SBR de 1 L. El lodo aerobio utilizado provino de un reactor alimentado con agua residual procedente de una industria cervecera. El SBR fue operado en base a dos ciclos por día, con las siguientes etapas: etapa de llenado de 5 min, etapa de reacción aerobia (agitación y aeración) de 10 h 50 min, etapa de decantación de 1 h (sin aeración y agitación) y vaciado del efluente de 5 min. Se utilizaron bombas peristálticas para realizar la alimentación y el proceso de vaciado del reactor. El efluente vaciado era reemplazado con el SL fermentado (40 Cmmol de AGV). El oxígeno fue suministrado a un flujo de 1vvm. La temperatura del reactor se mantuvo a 30 °C. El pH se mantuvo sin control, pero monitoreado durante todo el proceso mediante una sonda de pH. La agitación se fijó en 140 rpm. Se añadieron macro y micronutrientes para mejorar la selección de los cultivos mixtos, se adicionó amonio en relación C:N (15, 20, 25 y 30), el fósfato en concentración de 0.1 Pmmol. Se adicionó tiourea para inhibir la nitrificación. Los parámetros en el reactor se muestran con más detalle en la Table 5.2.

El reactor SBR se operó en base al modelo ADF (alimentación dinámica aerobia) o condiciones de *"Feast/Famine"*, en donde se alternaron periodos cortos de exceso de sustrato con periodos largos de ausencia de estos.

Tabla 5.2 Condiciones iniciales para selección de cultivos microbianos mixtos en el reactor SBR.

Condiciones	Valores
HAc / AGV (%)	44
HPr / AGV (%)	25
HBu / AGV (%)	19
HVal / AGV (%)	12
X_0: biomasa inicial activa (Cmmol L^{-1})	40±4
X: biomasa activa (Cmmol L^{-1})	51 ±3
SSV_0 (g L^{-1})	1,3 ± 0,1
SSV g L^{-1}	1,7 ± 0,2
C_0 (Cmmol L^{-1})	40±2
C/N	15, 20, 25, 30

5.2.2.3. Reactor Fed-Batch para producción de PHA

La fase de optimización de la acumulación de PHA, se llevó a cabo en un reactor alimentado en modo Fed-Batch. Se utilizó un reactor de vidrio de 1 L de volumen de trabajo. Como inóculo se utilizó la biomasa enriquecida previamente en el SBR aerobio. Se tomaron 500 mL del inóculo. El reactor se alimentó en discontinuo con SL fermentado, proveniente de la fase anaerobia. La temperatura se mantuvo en 30°C, al flujo de aeración en 1vvm y la agitación en 140 rpm. Se realizó la alimentación por pulsos y con control de oxígeno, consumido mediante una sonda de oxígeno cuando se alcanzaban el máximo se agregaba un nuevo pulso.

5.2.3. Extracción y recuperación del polihidroxialcanoato

Una vez terminados los ensayos de optimización de la producción de PHA, la bio-actividad de las bacterias se detuvo agregando CIH 3M hasta alcanzar pH 3. Seguidamente las células fueron separadas del sobrenadante por centrifugación a 8000 rpm x 10 min. El lodo concentrado fue lavado con acetona, filtrado y liofilizado completamente para extraer todo el contenido de agua. A continuación, las muestras fueron suspendidas en cloroformo y se mantuvieron en un recipiente sellado y con agitación por un periodo de 3-4 días a temperatura ambiente. Esta suspensión se filtró para remover todo el material no disuelto. La solución de cloroformo resultante se dejó evaporar en una placa hasta obtener un bio-película de PHA.

5.2.4. Procedimientos analíticos

Los sólidos en suspensión totales y volátiles (SST, SSV) y amonio fueron medidos de acuerdo con el "Standard Methods" (APHA, 2005). La medida de la demanda química de oxígeno (DQO) se determinó mediante la digestión de la muestra con dicromato y ácido sulfúrico a 150 °C, donde el exceso de dicromato fue valorado con sulfato ferroso amónico (FAS) de concentración conocida.

Los ácidos grasos volátiles y la lactosa fueron determinados por cromatografía liquida de alta resolución (HPLC), empleando un equipo de cromatografía Hewlett Packard equipado con una columna supercogel C-610 H y dos detectores en línea, una de ultravioleta (UV) y uno de índice de refracción (IR). La concentración de AGV resultó de la suma de todos los ácidos individuales (acético, propiónico, butírico y valérico) expresados como g DQO L^{-1} utilizando factores de conversión (Henze *et al.*, 1995).

La determinación de PHA se realizó por cromatografía de gases (CG) siguiendo el método descrito por Braunegg *et al.* (1978) y Satoh *et al.* (1992). El método consiste en la ruptura de las membranas celulares y estructuras permitiendo la obtención del biopolímero. Luego las cadenas de PHA son hidrolizadas y los monómeros metilados. Para determinar la concentración de hidroxibutirato (HB) e hidroxivalerato (HV) se realizó una curva de calibración con un patrón estándar P(HB-HV) (88 %: 12 %) corregido con un patrón interno de heptadecano.

5.2.5. Caracterización del PHA

La estabilidad térmica de las muestras fue investigada por análisis termo-gravimétrico (TGA) con un equipo Perkin Elmer TGA7. La condición de medición consistió en calentar la muestra progresivamente de 50 °C a 700 °C a una tasa de calor de 100 °C bajo atmosfera inerte (argón).

Los parámetros determinados fueron la temperatura de transición vítrea (T_g), la temperatura de fusión (T_m) y la entalpia de fusión (ΔH_m), usando calorimetría diferencial de barrido (DSC) desarrollado por medio de un equipo Perkin Elmer Serie 7 DSC. Al calentar la muestra de 30 °C a 220 °C manteniendo 2 min a 200 °C, luego la muestra se enfría de 220 °C a 30°C a una tasa de enfriamiento de 10 °C min^{-1}, posteriormente se calienta de nuevo a 220 °C a una tasa de calor de 10 °C. Todos los experimentos con DSC fueron llevados a cabo bajo atmosfera de nitrógeno.

La caracterización por espectroscopia infrarroja con transformada de Fourier se realizó en una muestra con PHA tomando 10 mg, y se determinaron las bandas características de los grupos funcionales presentes en el biopolímero en un rango del espectro de 400 a 4000 cm^{-1} mediante 10 a 64 barridos con una resolución de 4 cm^{-1}.

5.2.6. Análisis de las poblaciones microbianas

El análisis de la composición microbiana en el reactor SBR se hizo por electroforesis en gel con gradiente de desnaturalización (DGGE), separando el ADN para evaluar las cepas responsables de la acumulación de PHA. La muestra se separa en fragmentos por medio de la reacción en cadena de la polimerasa (PCR) y se amplifica la zona de interés para la detección del gen *pha*C codificado en la enzima PHA sintetasa, tomando de entre 50 a 500 ng de

DNA de una colonia de bacterias. Luego del cual se extrajo, se congeló y descongeló para la liberación del material genético.

5.2.7. Cálculos

El contenido de PHA en el lodo fue determinado como una fracción de solidos volátiles en suspensión (% PHA=PHA*100/VSS, en donde las concentraciones de PHA y SSV están en g L^{-1}). La concentración total de AGV corresponde a la suma de concentraciones de los ácidos acético, propiónico, butiríco y valérico. La concentración de la biomasa consistió en la suma de contenido de PHA y la biomasa activa (SSV= PHA + X; donde X representa la biomasa activa).

Para los cálculos de la biomasa activa se hizo considerando todo el amonio usado para crecimiento. La velocidad de consumo de sustrato (-q$_s$) (Cmmol AGV Cmmol X^{-1} h^{-1}) se calculó a partir del ajuste lineal de los datos experimentales. La concentración corresponde a la suma de los monómeros de HB y HV. El rendimiento de producción de PHA (Y$_{PHA}$) en el sustrato consumido se calculó como la relación entre la cantidad total de PHA en la biomasa y la cantidad total de sustrato consumido. La producción específica de PHA (ΔfHA) fue determinada restando la concentración inicial específica de PHA y la concentración final específica de PHA (Cmmol PHA Cmmol X^{-1}).

5.3. Resultados y discusión

En este experimento se estudió la obtención de PHA con cultivos microbianos mixtos empleando un proceso de 3 fases: fase fermentación acidogénica; fase de enriquecimiento y selección de los microorganismos acumuladores de PHA y, fase de optimización de la producción de PHA en un reactor alimentado en discontinuo (Fed-Batch).

5.3.1. Fermentación acidogénica del suero lácteo

El proceso de acidogénesis depende mayoritariamente de la capacidad del reactor para llevar a cabo un proceso de fermentación que convierta la lactosa presente en el suero lácteo en ácidos grasos volátiles (AGV) mediante microorganismos anaerobios. En la Tabla 5.3 se muestran los resultados obtenidos en el estudio del efecto del tiempo de retención de sólidos sobre el grado de acidificación y sobre la distribución de los ácidos grasos volátiles.

Tabla 5.3 Efecto del tiempo de retención de sólidos en la producción de AGV a partir del suero lácteo.

TRS	$Y_{AGV/S}$	AGV totales	AGV (%)			
(d)	(mg DQO mgDQO^{-1})	(Cmmol L^{-1})	HAc	HPr	HBu	HVal
10	0,71	177	34	36	13	15
6	0,64	146	40	35	15	10
4	0,63	164	46	24	21	9

El reactor anaerobio SBR se operó a tres tiempos de retención de sólidos, de 4, 6 y 10 d. El proceso se llevó a cabo a 30°C de temperatura, pH 6, VCO de 4 g DQO L^{-1}d^{-1}, y TRH de 2 d. Se obtuvo un alto grado de acidificación, con un 71 % de acidificación cuando el reactor operó a un TRS de 10 d, y descendiendo ligeramente al disminuir el TRS a 4 d. El aumento del TRS de 4 a 10 d dio lugar a un aumento de la producción de los ácidos propiónico y butírico, de 24 a 36 % y de 9 a 15 %, respectivamente. Al mismo tiempo se producen una disminución de la producción de los ácidos acético y butírico, de 46 a 34% y de 21 a 13%, respectivamente. Se observa claramente que el TRS tiene un efecto directo sobre la producción y distribución de los ácidos grasos volátiles. Controlando el TRS es posible predecir una determinada proporción de ácidos con vistas a la posterior producción de PHA (Horiuchi *et al.*, 2002).

5.3.2. Fase de selección de flora mixta acumuladora de PHA

Se estudió el enriquecimiento de un cultivo mixto con capacidad acumuladora de PHA, y se estudió el efecto de la relación carbono/nitrógeno (C/N). La relación entre la cantidad de sustrato y la cantidad de amonio en el reactor (C/N) 15, 20, 25 y 30 no afectó considerablemente la capacidad de acumulación de PHA en el ciclo. En la Figura 5.1 se muestra un proceso típico feast/famine en un ciclo de operación ADF (alimentación dinámica aerobia) en un reactor secuencial aerobio discontinuo (SBR). En cada ciclo se adicionaron

AGV 40 Cmmol L^{-1}, los cuales fueron consumidos en 2.5 h dando lugar a una relación de tiempos F/F de 0.2 lo cual se considera adecuada para el proceso de selección de microorganismos acumuladores de PHA.

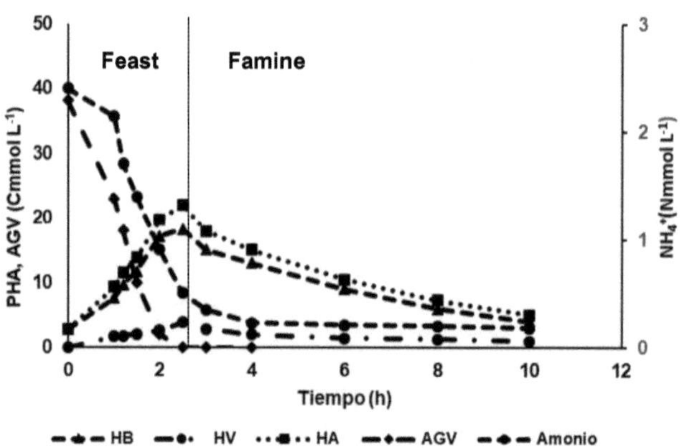

Figura 5.1 Ciclo típico de operación *"feast/famine"* en un reactor secuencial SBR de microorganismos mixtos acumuladores de PHA.

Los microorganismos seleccionados en este ensayo demostraron capacidad de acumulación de PHA con un promedio de 27% de contenido de PHA (PHA$_{max}$) en las condiciones dadas, asegurando una buena adaptación y crecimiento controlado de los microorganismos.

En la Tabla 5.4 se puede observar que el cultivo mixto sometido a condiciones de *feast/famine* (F/F) con SL fermentado alcanzó una acumulación de biopolímero del 27 % de PHA (p/p) (PHA$_{max}$) al término de la fase *feast*. El rendimiento de almacenamiento de PHA se encontró en 0,64 Cmmol PHA Cmmol AGV^{-1}. El consumo especifico de sustrato se encontró en alrededor de 0,22 Cmmol AGV Cmmol X^{-1} h^{-1} y la velocidad de producción del biopolímero de 0,8 Cmmol PHA Cmmol X^{-1}h^{-1}.

Table 5.4 Efecto del amonio en el enriquecimiento de cultivos mixtos usando un reactor SBR.

Composición AGV (%) HAc:HPr:HBu:HVal	44:25:17:14	43:25:19:13	42:26:18:14	41:26:19:14
VCO Cmmol AGV L^{-1} d^{-1}	39,4	38,5	40,8	39,2
C/N	15	20	25	30
X_{max} g SSV L^{-1}	2,6	2,9	2,3	2,1
PHA_{max} (% masa)	29	23	26,6	26,9
$-q_s$ Cmmol AGV Cmmol X^{-1} h^{-1}	0,22	0,23	0,21	0,23
q_x Cmmol X Cmmol X^{-1} h^{-1}	0,15	0,15	0,14	0,13
q_{PHA} Cmmol PHA Cmmol X^{-1} h^{-1}	0,08	0,07	0,08	0,07
Y_{sto} Cmmol PHA Cmmol VFA^{-1}	0,69	0,58	0,57	0,68
Composición del polímero, HB:HV (%)	70/30	67/33	75/25	79/21

VCO: velocidad de carga orgánica; Composición de AGV (HAc:HPr:HBu:HVal); (HAc= ácido acético, HPr= Ácido propiónico, HBu= ácido butírico y HVal = ácido valérico; X_{max}: biomasa activa; PHA_{max}: acumulación máxima de PHA; $-q_s$: velocidad de consumo de sustrato q_x : velocidad de crecimiento de la biomasa activa; q_{PHA}: velocidad de acumulación de PHA; Y_{sto}:capacidad máxima de almacenamiento de PHA; (HB/HV): porcentaje de hidroxibutirato e hidroxivalerato.

5.3.3. Efecto de la composición de AGV en la producción de PHA.

Se estudió como afectaba la variación de la proporción de ácidos grasos volátiles en la acumulación de PHA y en la composición del biopolímero. El reactor acidogénico se operó a diferentes TRS, 10, 6 y 4 d, y se observó en cada caso una relación diferente de AGV (HAc:HPr:HBu:HVal), de 34:36:13:15 40: 35:15:10 y de 46:24:21:9, respectivamente. Se observó que disminuyendo el

TRS los porcentajes de ácidos acético y butírico aumentaban mientras que los de los ácidos propiónico y valérico disminuían.

El tiempo necesario para alcanzar la máxima acumulación de PHA fue de entre 6 y 7 h (como lo muestra la Tabla 5.5), siendo ligeramente inferior en el caso del suero fermentado con perfil de ácidos con un mayor contenido en ácidos acético y butírico (Tabla 5.5).

Tabla 5.5 Resultados de acumulación de PHA en ensayos fed-batch variando la distribución de AGV.

TRS (d)	10	6	4
Composición AGV HAc/HPr/HBu/HVal (%)	34:36:13:15	40:35:15:10	46:24:21:9
Y_{STO} Cmmol PHA Cmmol AGV^{-1}	0,37	0,42	0,28
$-q_S$ Cmmol AGV Cmmol X^{-1} h^{-1}	0,31	0,27	0,34
q_{PHA} Cmmol PHA Cmmol X^{-1} h^{-1}.	0,29	0,16	0,18
Composición (HB/HV) (%)	58:42	68:32	81:19
PHA productividad g PHA L^{-1} h^{-1}	0,62	0,56	0,70
PHA_{max} (% masa)	52,2	50,4	51,0

El rendimiento máximo   alcanzado fue de 0,42 (Cmmol PHA Cmmol AGV^{-1}), correspondiente al suero fermentado con una relación de HAc: HPr: HBu: HVal de 40: 35: 15: 10 y con un TRS de 6 d. Por otro lado, la máxima productividad alcanzada fue de 0,7 g PHA L^{-1} h^{-1} correspondiente al suero fermentado a un TRS de 4 d con una relación de ácidos HAc: HPr: HBu: HVal de 46: 24: 21: 9.

El PHA obtenido presenta una relación de hidroxibutirato e hidroxivalerato (HB: HV) que varía con la proporción de AGV en el suero fermentado. Con el SL fermentado con perfil de HAc: HPr: HBu: HVal de 34:36:13:15 se obtuvo un biopolímero de composición HB:HV de 58:42, con el perfil de AGV de 40:35:15:10 se observó una composición HB:HV de 68:32 y en el caso del perfil de AGV de 46:24:21:9 se obtuvo una relación HB:HV de 81:19. Se observó que los ácidos acético y butírico determinan la producción de hidroxibutirato y que lo ácidos propiónico y valérico la producción de hidroxivalerato. La relación HB: HV va a determinar la propiedad de los biopolímeros obtenidos, dado que por ejemplo HV le otorga una mayor flexibilidad que el hidroxibutirato. La composición de AGV empleada como sustrato para producir PHA va a determinar la composición del biopolímero, la presencia de ácidos grasos de un número par de átomos de carbono va a producir mayoritariamente PHB y los de número impar van a producir PHV.

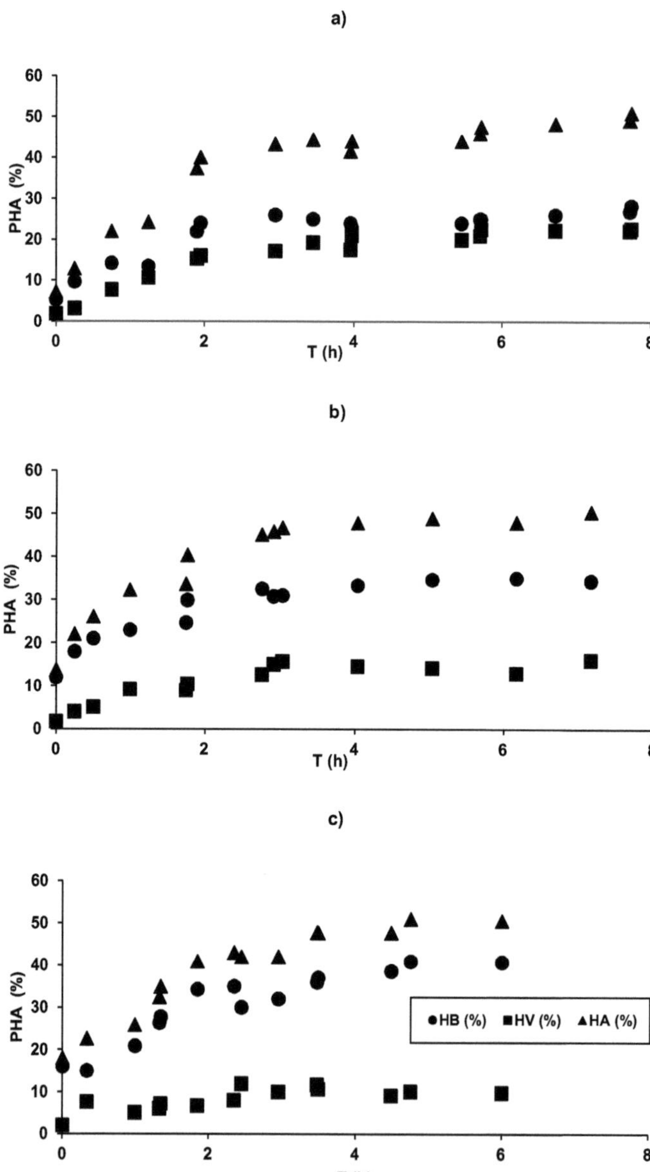

Figura 5.2 Perfiles de acumulación de PHA observados en los ensayos fed-batch en un reactor alimentado, variando la concentración de AGV (HAc/HPr/HBu/HVal) en el SL fermentado expresado en porcentaje (%): a) 34/36/13/15, b) 40/35/15/10 y c) 46/24/21/9.

126

Estos estudios demuestran que una determinada composición de PHA se puede predecir mediante el control de operación en el reactor acidogénico, por ejemplo, variando el parámetro del TRS. Similares resultados fueron obtenidos por Albuquerque *et al.* (2007).

La utilización de suero lácteo como materia prima para la producción de PHA, se convierte en una alternativa eficiente y sostenible en procesos microbianos con de cultivos mixtos según se muestra en la Tabla 5.6.

Tabla 5.6 Comparación de la producción de PHA obtenida con cultivos mixtos microbianos empleando diferentes tipos de sustratos.

Sustrato	PHA$_{MAX}$ (% peso seco)	Y$_{PHA}$ (Cmmol PHA Cmmol AGV^{-1})	Referencia
Melaza fermentada	75	0,81	Albuquerque *et al.* (2010)
Agua residual de la producción del papel	77	0,80	Jiang *et al.* (2012)
Agua residual de la industria maderera	29	0,57	Ben *et al.*, (2011)
Agua residual de la industria de alimentos	51	0,05	Rhu *et al.*, (2003)
Agua residual de la producción de aceite de oliva	55	1,05	Dionisi *et al.* (2006)
Suero lácteo fermentado	65	0,66	Duque *et al.* (2014)
Agua residual de la industria cervecera	38	0,59	Mato *et al.* (2008)
Suero lácteo permeado fermentado	52	0,37	Este estudio

En comparación a otros estudios encontrados en la literatura con el suero fermentado se obtiene una acumulación de 52 % de PHA, similar al obtenido con otras materias primas fermentadas. Se han reportado una acumulación de PHA del 65 % empleando suero lácteo obtenido bajo otras condiciones de operación (Duque *et al.*, 2014). Con efluentes fermentados de la producción de aceite de oliva se obtuvo una acumulación del 55 % (Dionisi *et al.*, 2005), mientras que con melaza fermentada se obtuvo un 75 % (Alburquerque *et al.*, 2010). El coste de la materia prima juega un rol importante en la sostenibilidad del proceso de producción de PHA, siendo el SL un sustrato más económico que otros como la melaza de caña o la hemicelulosa hidrolizada; además algunos sustratos como la melaza de caña a pesar de su bajo coste su valor se ha ido incrementando debido a su uso para la producción de bioetanol.

5.3.4. Análisis de la población bacteriana

La producción de PHA por cultivos mixtos microbianos está basada en la selección natural de cepas acumuladoras de PHA por medio del control en los bio-reactores, siendo más importante este control que la naturaleza de los microorganismos. El cultivo mixto en el reactor de enriquecimiento de microorganismos acumuladores de PHA fue analizado mediante la técnica de DGGE, en la que se encontró una población dominante representada por una única banda migrante en el gel. El grupo filogénico más representativo encontrado corresponde al grupo de β-proteobacterias, habiendo encontrado mayoritariamente *Thauera sp.* y *Azoarcus* sp. El género encontrado más representativo fue *Thauera phenilacetica* siendo la responsable de la máxima acumulación de PHA. Este microorganismo también ha sido encontrado en otros estudios (Dionisi *et al.*, 2006). Sin embargo, otros autores encontraron una baja capacidad de acumulación de PHA (Días *et al.*, 2006).

5.3.5. Caracterización del biopolímero

Al biopolímero obtenido se le determinaron en sus propiedades térmicas. La caracterización térmica mostró que los polímeros obtenidos eran semi-cristalinos, con temperatura de fusión (T_m) de 160 ºC. Presentaron un porcentaje de cristalinidad bajo, ya que no se observó ninguna temperatura de cristalización, probablemente debido a las impurezas en la película de PHA obtenido o bien debido al porcentaje de HV en la muestra. En el análisis termo-gravimétrico desarrollado se muestra que la degradación térmica se produce a los 290 ºC. Esta temperatura de degradación del PHA es consistente con los datos descritos en la literatura para copolímeros P(HB-co-HV), la cual varía entre 277 y 249 ºC, con pequeñas diferencias debido a la presencia de impurezas.

En el análisis por espectroscopia infrarroja se obtuvieron bandas características de polímeros tipo PHA. Con una banda carbonilo entre los 1740-1720 cm^{-1}. Este número difiere dependiendo del tipo de polímero y del estado de purificación de la muestra. De acuerdo con la literatura, las cadenas cortas de polímeros de PHA se encuentra en los 1728 cm^{-1}, para cadenas medias en 1740 cm^{-1} y, para mezclas de ambas en 1732 cm^{-1}. En adición, los polímeros amórfos se encuentran en 1728 cm^{-1} y los cristalinos en 1722 cm^{-1} (Kansiz *et al.,* 2007; Bayari *et al.*,2005). En términos estructurales el cambio es debido al átomo de oxigeno del grupo carbonilo si se encuentra cerca del átomo de hidrogeno formando interacciones de enlaces de hidrógeno lo que reduce la absorbancia de la longitud de onda. En la fase amórfa la ausencia de enlace de hidrógeno de la estructura incrementa el enlace del carbonilo incrementando la absorbancia de la longitud de onda. Otros picos de importancia es el encontrado en 1724 cm^{-1} que representa la banda característica de grupo C=O, una banda en 1280-1165 cm^{-1}, se atribuye a grupos C-O-C; la banda de enlace C-H de los grupos metilos y metileno se encuentra en 2800-3100 cm $^{-1}$. Otras bandas características para PHA de cadena corta se encuentra en 2980, 2934, 1282 relacionado con los grupos metilos, 1100-1058 (C-O), 979 y 515 cm^{-1}(Shamala *et al.*, 2009).

5.4. Conclusiones

En los últimos años, el uso del plástico convencional ha dado lugar a graves problemas en la contaminación del ecosistema, por esta razón el uso de plásticos biodegradables se ha convertido en el objetivo de investigadores para la búsqueda de nuevas alternativas. Por lo que el uso de subproductos industriales de desecho y de las aguas residuales con un alto contenido orgánico se ha convertido en el foco de muchos estudios. El suero lácteo para la producción de PHA muestra grandes posibilidades debido a su contenido en lactosa la cual puede ser usada por microorganismos acumuladores. En este sentido el proceso ADF para la obtención de biopolímeros ha sido posible mediante la selección de cepas acumuladoras de PHA utilizando el SL como sustrato para la producción de PHA. El control en las condiciones de fermentación es de interés para la obtención de un determinado tipo PHA, con cierta composición de monómeros.

5.5. Referencias

Albuquerque, M. G. E., Torres, C. A. V. & Reis, M. A. M. (2010). Polyhydroxyalkanoate (PHA) production by a mixed microbial culture using sugar molasses: effect of the influent substrate concentration on culture selection. *Water research*, *44*(11), 3419-3433.

Albuquerque, M. G. E., Eiroa, M., Torres, C., Nunes, B. R. & Reis, M. A. M. (2007). Strategies for the development of a side stream process for polyhydroxyalkanoate (PHA) production from sugar cane molasses. *Journal of biotechnology*, *130*(4), 411-421.

Bayarı, S. & Severcan, F. (2005). FTIR study of biodegradable biopolymers: P (3HB), P (3HB-co-4HB) and p (3HB-co-3HV). *Journal of molecular structure*, *744*, 529-534.

Ben, M., Mato, T., Lopez, A., Vila, M., Kennes, C. & Veiga, M. C. (2011). Bioplastic production using wood mill effluents as feedstock. *Water science and technology*, *63*(6), 1196-1202.

Braunegg, G., Sonnleitner, B. Y. & Lafferty, R. M. (1978). A rapid gas chromatographic method for the determination of poly-β-hydroxybutyric acid in microbial biomass. *Applied microbiology and biotechnology*, *6*(1), 29-37.

Carvalho, F., Prazeres, A. R. & Rivas, J. (2013). Cheese whey wastewater: characterization and treatment. *Science of the total environment*, *445*, 385-396.

Chanprateep, S. (2010). Current trends in biodegradable polyhydroxyalkanoates. *Journal of bioscience and bioengineering*, *110*(6), 621-632.

Dias, J. M., Lemos, P. C., Serafim, L. S., Oliveira, C., Eiroa, M., Albuquerque, M. G. & Reis, M. A. (2006). Recent advances in polyhydroxyalkanoate production by mixed aerobic cultures: from the substrate to the final product. *Macromolecular bioscience*, *6*(11), 885-906.

Dionisi, D., Carucci, G., Papini, M. P., Riccardi, C., Majone, M. & Carrasco, F. (2005). Olive oil mill effluents as a feedstock for production of biodegradable polymers. *Water research*, *39*(10), 2076-2084.

Dionisi, D., Majone, M., Vallini, G., Di Gregorio, S. & Beccari, M. (2006). Effect of the applied organic load rate on biodegradable polymer production by mixed microbial cultures in a sequencing batch reactor. *Biotechnology and bioengineering*, *93*(1), 76-88.

Duque, A. F., Oliveira, C. S., Carmo, I. T., Gouveia, A. R., Pardelha, F., Ramos, A. M. & Reis, M. A. (2014). Response of a three-stage process for PHA production by mixed microbial cultures to feedstock shift: impact on polymer composition. *New biotechnology*, *31*(4), 276-288.

Frigon, J. C., Breton, J., Bruneau, T., Moletta, R. & Guiot, S. R. (2009). The treatment of cheese whey wastewater by sequential anaerobic and aerobic steps in a single digester at pilot scale. *Bioresource technology*, *100*(18), 4156-4163.

Federation, W. E. & American Public Health Association. (2005). Standard methods for the examination of water and wastewater. *American Public Health Association (APHA): Washington, DC, USA.*

Henze M., Gujer, W., M., Mino, T., Matsuo, T., Wentzel, M. C. & Marais, G. V. R. (1995). The activated sludge model No. 2: biological phosphorus removal. *Water science and technology*, *31*(2), 1-11.

Horiuchi, J. I., Shimizu, T., Tada, K., Kanno, T. & Kobayashi, M. (2002). Selective production of organic acids in anaerobic acid reactor by pH control. *Bioresource technology*, *82*(3), 209-213.

Jiang, Y., Marang, L., Tamis, J., Van Loosdrecht, M. C., Dijkman, H. & Kleerebezem, R. (2012). Waste to resource: converting paper mill wastewater to bioplastic. *Water research*, *46*(17), 5517-5530.

Johnson, K., Jiang, Y., Kleerebezem, R., Muyzer, G. & van Loosdrecht, M. C. (2009). Enrichment of a mixed bacterial culture with a high polyhydroxyalkanoate storage capacity. *Biomacromolecules*, *10*(4), 670-676.

Kansiz, M., Domínguez-Vidal, A., McNaughton, D. & Lendl, B. (2007). Fourier-transform infrared (FTIR) spectroscopy for monitoring and determining the degree of crystallisation of polyhydroxyalkanoates (PHAs). *Analytical and bioanalytical chemistry*, *388*(5-6), 1207-1213.

Mato, T., Ben, M., Kennes, C. & Veiga, M. C. (2008). PHA production using brewery wastewater. In *Proceedings of 4th IWA Specialised conference on sequencing batch reactor technology (SBR4)* (pp. 7-10).

Poh, P. E. & Chong, M. F. (2009). Development of anaerobic digestion methods for palm oil mill effluent (POME) treatment. *Bioresource technology*, *100*(1), 1-9.

Satoh, H., Mino, T. & Matsuo, T. (1992). Uptake of organic substrates and accumulation of polyhydroxyalkanoates linked with glycolysis of intracellular carbohydrates under anaerobic conditions in the biological excess phosphate removal processes. *Water science and technology*, *26*(5-6), 933-942.

Shamala, T. R., Divyashree, M. S., Davis, R., Kumari, K. L., Vijayendra, S. V. N. & Raj, B. (2009). Production and characterization of bacterial polyhydroxyalkanoate copolymers and evaluation of their blends by fourier transform infrared spectroscopy and scanning electron microscopy. *Indian journal of microbiology*, *49*(3), 251-258.

Rhu, D. H., Lee, W. H., Kim, J. Y. & Choi, E. (2003). Polyhydroxyalkanoate (PHA) production from waste. *Water science and technology*, *48*(8), 221-228.

Van den Berg, L. & Kennedy, K. J. (1983). Dairy waste treatment with anaerobic stationary fixed film reactors. *Water science and technology*, *15*(8-9), 359-368.

Conclusiones

La contaminación del ecosistema debido al uso de derivados petróleo está aumentando de manera importante en los últimos años. Esto ha llevado a la búsqueda de nuevos plásticos biodegradables que permitan el desarrollo de una sociedad más sustentable en relación a los recursos naturales disponibles. Por otro lado, el futuro de una sociedad bio-amigable radica en la efectiva valorización de los residuos agroindustriales. El uso de materias primas provenientes de subproductos industriales y de aguas residuales para la obtención de biopolímeros se convierte en una alternativa ecológica para disminuir el impacto ambiental generado por los plásticos, así como por los residuos contaminantes.

La producción de polihidroxialcanoatos (PHA) a partir de la valorización de residuos se presenta como una solución para la disminución del impacto ambiental debido a la acumulación de los plásticos convencionales además de ser económicamente interesante dado el bajo coste de los productos de desecho. Actualmente la producción de PHA se está llevando a cabo con cultivos puros pero la tecnología en base a cultivos microbianos mixtos va ganando terreno debido a su fácil aplicación. En este trabajo se estudió la producción de PHA empleando cultivos mixtos, desarrollado en tres etapas siguiendo el modelo ADF (Aerobic Dinamic Feeding) que consiste en una etapa de fermentación acidogénica, otro de enriquecimiento de bacterias acumuladoras de PHA y finalmente de producción de PHA.

En este aspecto se estudió como el manejo adecuado de los parámetros operacionales tales como pH, temperatura, tiempo de retención de sólidos y velocidad de carga orgánica afectaba el grado de acidificación y la distribución de ácidos grasos volátiles.

Así también la selección y el empleo como materia prima del suero lácteo debido a su bajo coste, el alto contenido orgánico y la gran disponibilidad para poder ser utilizado por cultivos microbianos mixtos capaces de acumular PHA.

Los resultados finales mostraron que la distribución de ácido grasos volátiles variaba en función del pH en el reactor acidogénico, es así que a pH 6 los porcentajes de los ácidos acético y propiónico aumentaban mientras que a pH 5 los ácidos butírico y valérico disminuían.

El tiempo de retención de sólidos (TRS) en el reactor acidogénico afectaba también en la distribución de los AGV, es decir que a TRS largos favorece la producción de ácidos grasos de cadena impar como el ácido propiónico y valérico mientras que TRS cortos favorece la producción de ácido acético y butírico. Por último, la variación de la velocidad de carga orgánica (VCO) mostró que bajas VCO, entre 3 y 4 g DQO $L^{-1}d^{-1}$, aumentaba la proporción de ácidos propiónico y valérico mientras que disminuían la producción de ácido butírico y acético a mayores VCO.

Estas variaciones en la distribución de ácidos grasos volátiles producto de los cambios en los parámetros antes mencionados determinan las características del producto final (PHA), de tal manera que a mayor cantidad de ácido acético y butírico en la alimentación se obtuvo un PHA con mayor porcentaje de hidroxibutirato y en menor medida hidroxivalerato, mientras que una mayor cantidad de ácido propionico y valeríco condujo a un aumento en el porcentaje de hydroxivalerato (HV). El rango de composición de PHA en este estudio varió en la fracción de HV entre 20 y 40% en la composición final del PHA.

Participación en Congresos:

- ✓ Calero R., Kennes C., Veiga M.C., (2014) "Polyhydroxyalkanoate production using cheese whey wastewater as a substrate" Where should we go? Toulouse, France 11-12 of September (Oral presentation).

- ✓ R. Calero, C. Kennes, M.C. Veiga, (2015), "Polyhydroxyalkanoate production by mixed culture using Cheese whey". XXXV Biannual Congress of the Spanish Royal Society of Chemistry La Coruña-España (Poster).

- ✓ Calero R., Kennes C., Veiga M.C., (2015), "Cheese whey fermentation in an anaerobic SBR: Effect of SRT and pH on volatile fat acids production". 8th Eupean Symposium on Biopolymers ESBP 2015, Departarment of Chemistry University of Rome "La Sapienza" Book of Abstracts ISBN: 979-12—200-0433-6 (poster).

- ✓ Romasanta M., Calero R., Kennes C., Veiga M.C., (2015) Polyhydroxyalkanoates production using cheese whey and mixed Culture". 8th Eupean Symposium on Biopolymers ESBP 2015, Departarment of Chemistry University of Rome "La Sapienza" Book of Abstracts ISBN: 979-12—200-0433-6 (Poster).

- ✓ Calero R., Romasanta M., Lagoa B., Kennes C., Veiga M.C. (2016) Volatile fatty Acids production from cheese whey fermentation in an Sequencing batch reactor, solid retention time and pH effect. Congreso Iberoamericano de Biotecnologia 2016. Salamanca-España, Libro de resumenes,ISBN 978-84-608-8233-6 (Poster).

- ✓ Calero R., Romasanta M., Lagoa B., Kennes C., Veiga M.C. (2016) Mixed Culture polyhydroxyalkanoates production from fermented cheese whey:productivity composition and properties. 12th International

Conference on Renewable Resources and Biorefineries RRB-12.Ghent, Belgium (Poster).

Artículos Científicos:

1. Calero, R., Iglesias-Iglesias, R., Veiga, M. C. & Kennes, C. (2017). Organic Loading Rate (OLR) effect in the Acidogenesis of Cheese Whey: UASB and An-SBR reactors Comparison. Environmental technology, (just-accepted), 1-29.

2. Calero, R., Lagoa B., Kennes C. & Veiga, M. C. Volatile fatty acids production from cheese whey: Influence of pH, solid retention time and organic loading rate. Journal of chemical technology and biotechnology, (JCTB-17-1031), (enviado).

Printed by Books on Demand GmbH, Norderstedt / Germany